MONOGRAPHIE

DU

GENRE ŒILLET.

IMPRIMERIE DE GUIRAUDET ET JOUAUST,
315, rue Saint-Honoré.

MONOGRAPHIE

DU

GENRE OEILLET

ET PRINCIPALEMENT

DE L'OEILLET FLAMAND,

PAR

LE B^{on} DE PONSORT,

ANCIEN OFFICIER SUPÉRIEUR DE CAVALERIE,
CHEVALIER DE LA LÉGION-D'HONNEUR, MEMBRE CORRESPONDANT
DES SOCIÉTÉS ROYALES DE MUNICH, DE BRUXELLES,
ET DE PLUSIEURS SOCIÉTÉS FRANÇAISES.

. . . . . . Labor omnia vincit
Improbus.

———

Deuxième édition,
ENTIÈREMENT REFONDUE.

———

PARIS,

LIBRAIRIE HORTICOLE DE H. COUSIN, ÉDITEUR,
RUE JACOB, N° 21.

1844

INTRODUCTION.

La culture de l'OEillet, de tous temps si re-
cherchée en France, a 'pris de nos jours une
nouvelle extension par la chute du Dalhia, cette belle plante qui, à son apparition, avait dé-
trôné ses rivales. Son règne, nous l'avions
prédit, ne pouvait être qu'éphémère, car le
Dahlia exige de l'espace, de l'air, et nos jardins,
envahis, dominés par ces constructions hardies
d'une jeunesse impatiente, manquent essentiel-
lement de ces deux conditions. Tout le monde
d'ailleurs avait voulu cultiver cette fleur ; tout

le monde l'avait cultivée. De la ville elle était passée à la campagne, du château du riche à la cabane du pauvre. Elle n'avait pour charmer que ses brillantes couleurs; elle pouvait séduire un instant, mais devait nécessairement succomber bientôt sous le poids de sa popularité.

A ce colosse vaincu ont succédé deux charmantes miniatures, trop souvent dédaignées pour des plantes exotiques, insignifiantes et fort chères, que la mode, ce tyran auquel nous devons nous soumettre, nous oblige en quelque sorte à cultiver, par suite de la mystérieuse tendance qui pousse l'homme vers l'inconnu. C'est l'Œillet au riche coloris, à la forme élégante, au suave parfum; c'est la pensée, si merveilleuse parfois, toujours si belle, et dont les signes mystiques de ses pétales veloutés émeuvent doucement le cœur qui les peut comprendre. C'est l'OEillet, c'est la Pensée, ces fleurs du premier ordre et pourtant de la petite culture, qui s'épanouissent radieuses au soleil vivifiant de nos jardins, à l'air tamisé du prisonnier ; qui demandent beaucoup, qui se contentent de peu, comme si Dieu, dans son infinie sagesse, les eût destinées à charmer toutes les conditions de la vie, à fournir, dans toutes les circonstances, un remède énergique à l'homme contre ses infirmités. Nous le proclamons hautement : la mode cette fois est d'accord avec la raison ; ces reines du jour possèdent toutes les qualités solides, qui séduisent et enchaînent par des liens de plus en plus indissolubles.

Ce n'est qu'en Flandre, encore chez les amateurs seulement, qu'il faut étudier la culture de l'OEillet. Nos horticulteurs du centre de

Paris, surtout obligés de consulter le goût du moment, ne donnent pas assez d'attention à cette plante ; ignorent même pour la plupart les soins qu'elle réclame. Nous avons parcouru, ou plutôt fureté tous les ouvrages publiés sur cette matière, soit en France, soit à l'étranger ; tous ou presque tous sont erronés, et justifient le dégoût de l'amateur pour une fleur qu'il voyait chaque jour dégénérer, sans en connaître la cause, sans pouvoir en prévenir les effets. Déjà nous avons essayé de combler cette lacune, de montrer quelles richesses on peut espérer d'une plante naturellement si riche ; et ce premier essai, uniquement destiné à quelques amis, comme nous admirateurs du Flamand, a été accueilli avec tant de faveur, s'est répandu avec une si grande rapidité, que nous nous sommes cru obligé de répondre à cette bienveillance en traitant à fond toutes les phases de l'Œillet, tout ce qui a un rapport plus ou moins direct avec son histoire. Nous avons comparé les règles anciennes aux règles nouvelles, puis cherché, par de longues épreuves, le mérite réel des unes et des autres, pour ne consigner dans ces lignes rapides que les plus sûres, ou du moins les plus faciles.

Malade depuis quatre mois, ce travail était peut-être au dessus de nos forces : nous l'avons cependant entrepris, sans rien conserver de ces secrets que l'amitié confie à l'amitié, qui ne s'écrivent pas d'ordinaire ; sans même suivre la marche de notre première édition, dont le cadre restreint ne répondait pas aux exigences du jour. Et d'abord, en décrivant le Flamand, nous avons posé les bases de la culture de tous les autres, puis disposé nos matières dans un tel ordre, que l'horticulteur pressé trouvera facilement, sans recourir à la table, le passage dont il aura besoin. Après quelques chapitres préliminaires, nous semons la graine, pour la suivre pas à pas dans sa pousse jusqu'à son développement le plus complet; nous procédons à son admission au gradin, à son baptême, et telle est notre sollicitude, que nous l'accompagnons jusqu'au panier, où elle va, sur une demande pressante, effectuer un long, un pénible voyage. Là ne se sont point arrêtées nos améliorations : pour faciliter le choix de l'amateur, nous avons nommé les Flamands dans leur ordre de mérite; scrupuleusement annoté, puis enfin combattu ces préjugés d'une ignorante routine, au nom de l'expérience acquise dans cette branche de l'horticulture. Amateurs et marchands, tous pourront puiser des renseignements utiles dans cet ouvrage; mais si trop souvent le fond emporte la forme, qu'on daigne réfléchir qu'il émane d'un vieil officier supérieur de l'Empire, dont la seule pensée est d'être utile à ses semblables, le seul désir de faire apprécier davantage cette belle plante, si justement nommée *Fleur des Dieux*.

MONOGRAPHIE

DU

GENRE ŒILLET.

CHAPITRE PREMIER.

Histoire de l'Œillet.

Originaire de la Barbarie, la plante connue aujourd'hui sous la dénomination d'Œillet a pris, en traversant les siècles, divers noms qui rendent son histoire des plus obscures : aussi tous les auteurs se sont abstenus d'émettre une opinion certaine. Nous-même, dans la première édition de cet ouvrage, avions évité un sujet si controversé; mais depuis nous avons scrupuleusement suivi cette intéressante fleur dans ses phases multipliées, et croyons pouvoir

1

en tracer l'historique consciencieux. Si nous nous sommes trompé, notre erreur même aura été utile, puisque, provoquant une réfutation savante, elle aura jeté quelque lumière sur une matière presque inconnue.

En remontant aux temps les plus reculés, nous voyons d'abord les Africains cultiver l'OEillet, pour aromatiser une liqueur tonique. Il se nomme alors Giroflée, et ce nom si ancein lui est encore de nos jours conservé par les Allemands, probablement à cause de l'analogie de son arome avec celui de la Giroflée. L'an 1270, les malheureux soldats de Louis IX, expirants sous les exhalaisons fétides de la brûlante Tunis, trouvent dans cette liqueur un adoucissement à leurs souffrances ; et, quand le saint roi eut payé de sa vie sa trop grande confiance dans le fourbe Omar, chacun emporte précieusement en France la plante à laquelle il doit peut-être de revoir la patrie ; plante que les savants appellent aussitôt Tunica, pour graver à tout jamais dans la mémoire et son origine, et les tristes souvenirs qu'elle évoque.

Fasciné par les merveilleux récits des croisés, tout le monde veut composer la liqueur nouvelle ; tout le monde en cultive la fleur, dont les vertus secrètes deviennent, sous les doigts de l'expérience, un tonique énergique, un sudorifique puissant. Développée par une culture incessante, elle se dégage rapidement de sa simplicité première. Le hasard, quelquefois si heureux, produit des nuances admirables, qui ouvrent tout d'abord un nouveau champ à l'ingénieuse activité des contemporains émerveillés. Jusqu'ici on avait cultivé l'Œillet pour ses seules vertus médicales : on commence à lui donner pour lui-même un soin particulier ; et la nature généreuse répond avec tant d'abondance aux sollicitudes des jardiniers, qu'un auteur ne craint pas de s'écrier :

« Quand j'aurais la mémoire de Thémistocle, qui
» saluait chaque citoyen par son nom ; de Cyrus et
» de Scipion, qui connaissaient les surnoms de guerre
» de tous leurs soldats ; quand je pourrais avec Cy-
» néas, ambassadeur de Pyrrhus, nommer chaque
» sénateur, chaque citoyen romain ; il me serait en-
» core impossible de connaître, en entrant dans un
» parterre, tous les Œillets par leurs noms, tant ils
» sont nombreux, chacun ayant baptisé celui qu'il
» croyait avoir élevé le premier, comme l'unique en
» sa figure et couleur. »

Expressions exagérées sans doute, mais qui peignent bien la faveur dont jouissait alors l'Œillet.

« J'admire, reprend le même auteur dans sa sim-

» plicité mystique ; j'admire la divine Providence, qui,
» guidant le jardinier, l'amène à des résultats si mys-
» térieux ; comment une petite graine, un atome, va
» pousser quelques feuilles courtes et fines, va jeter
» quelques tiges rondes et noueuses ; puis, ces tiges
» se fortifiant peu à peu, de tendres branchettes
» sortiront de leur cime. La main d'un excellent ou-
» vrier attachera à leurs extrémités de petits tuyaux
» verts, d'où s'échapperont de larges fleurs, dont les
» nuances variées et le doux parfum reposeront les
» yeux, en charmant les sens. »

Abandonné par la médecine, qui trouve dans d'autres simples des vertus plus puissantes, l'Œillet, pour enchaîner la vogue chancelante, séduit de plus en plus par la grâce de ses formes, par la richesse de son coloris ; et l'amateur reconnaissant proclame son triomphe par le glorieux surnom de Superbe, que Tragues, que Linnée, devaient consacrer par la suite, en l'appliquant exclusivement à une espèce d'Œillet originaire de nos Alpes. Vers l'an 1567, un jésuite trace quelques règles sur la culture de cette plante, et les quatre vers de la préface témoignent encore de sa suprématie :

> Jusqu'à présent les fleurs ont toujours disputé
> Qui porterait le sceptre en leur petit empire ;

> Le combat est fixé : l'Œillet l'a mérité ;
> Et ce petit traité n'est que pour vous le dire.

Cette fleur, introduite comme plante d'économie domestique, devient donc la fleur à la mode. Elle s'étale pompeusement sur la robe du grand prêtre ; elle se trouve dans les mains de l'épouse du cantique, pour nous servir de l'expression surannée d'un enthousiaste écrivain. Celui-ci cherche dans ses couleurs les mystérieux interprètes des plus doux sentiments de l'âme ; celui-là décompose ses pétales diaprés ; lui donne le nom d'Œillet, moins encore pour sa beauté que pour la ressemblance qu'il lui croit avec l'œil, soit parce que dans l'un et dans l'autre il rencontre en même proportion les humeurs *vitrée, cristallin, globe d'eau* ; qu'il trouve semblable *l'araignée, la récticulaire lunée, la dure, la déliée ;* soit parce qu'il découvre dans la plante les mêmes filaments, qui, correspondant aux muscles, supportent, conduisent, mènent et ramènent les deux beaux astres du microscôme. Mais cette étymologie, fidèlement copiée dans un ancien ouvrage, n'est, il faut en convenir, ni aussi raisonnable, ni aussi certaine que celle du nom botanique *Dianthus,* forgé par les modernes de deux mots grecs (Ανθος, fleur ; διου, de Dieu),

pour exprimer sa beauté, ses vertus, et l'encens brûlé sur ses autels.

Comme s'il eût été dans les destinées de cette plante
de graver son nom aux plus grandes pages de notre
histoire, un siècle plus tard, ou du moins à peu près,
le vainqueur de Rocroy, succombant sous l'explosion
de colère suscitée par l'amende honorable qu'il exige
de la régente pour l'avantageux et frivole marquis de
Jarsey; le vainqueur de Rocroy lui-même oublie, en
cultivantl'OEillet, les horreurs de sa prison. Clémence
de Maillé, sa femme, soulève pour lui les provinces;
il consigne quelques observations utiles sur les soins
nécessaires à sa plante chérie; elle délivre le parle-
ment de Bordeaux par ces fameuses paroles : « *Qui
m'aime me suit* »; et Condé, alors insouciant et tranquille, arrose ses fleurs; aussi, s'adressant à son chi-
rurgien, s'écrie-t-il, frappé par l'imprévu de ce
triomphe : « *Aurais-tu jamais pensé que j'arroserais
des OEillets, pendant que ma femme ferait la guerre?* » Singulier contraste, en effet, qui révélerait la
puissance du Créateur, si jamais on pouvait en douter!

Hélas! tant de glorieux titres à l'admiration de tous
les âges ne préservent pas l'OEillet de l'insconstance
des hommes. Au commencement du 18e siècle sa

culture est de plus en plus négligée, puis abandonnée sous le tranchant de la hache révolutionnaire. Quand nous voyons se briser dans les convulsions d'une populace effrénée, les plus beaux noms de la France, les idoles du passé; quand nous voyons un roi martyr sceller de son sang sa trop grande bonté, devons-nous être surpris que la fleur qui avait rendu des services si éminents à l'humanité, dont la vie avait été liée à la vie de tant d'illustrations, fût à jamais proscrite de nos jardins! Les insensés! ils voulaient étouffer cette plante maudite, et cette plante devait renaître bientôt plus gracieuse et plus belle, comme un témoignage irrécusable de leur impuissante fureur!

Ainsi, l'histoire de l'OEillet se rattache à toutes les phases de notre histoire. Il apparaît à la mort de saint Louis; croît, se développe avec la grandeur de la France; puis languit et se meurt avec Louis XVI, pour reparaître au jour de l'expiation.

Sa vie se divise en trois grandes périodes : du 3e au 15e siècle, c'est une plante médicinale à laquelle la superstition attache une vertu magique :

> Si Gallien et l'art me condamnent à mort ,
> OEillet, par tes vertus, fais que je vive encor.

Sous la chevalerie, c'est le mystérieux confident des pensées les plus secrètes; c'est l'interprète discret des sentiments que la bouche n'ose exprimer; de nos jours, c'est la fleur par excellence, et cette fleur pleine de souvenirs, nous pourrons la négliger encore, nous ne l'abandonnerons jamais!

D'un caractère plus froid, moins soumis par conséquent aux exigences de la mode, les industrieux habitants du Nord se sont voués, avec une persévérance admirable, à la culture de l'OEillet, et leur constance a été couronnée des plus beaux succès. Lille, Bailleul, ont toujours rivalisé de zèle. Cette dernière semble l'emporter aujourd'hui; mais toutes deux ont puissamment contribué à rendre à cette plante, de plus en plus riche, sa faveur primitive, sa réputation si méritée. Bientôt, demain peut-être, tout le monde voudra la cultiver, car les allégations mensongères dont on mine sa vogue naissante tomberont nécessairement sous l'esprit éclairé du siècle; demain, peut-être, tout le monde admirera ces résultats merveilleux de la patience et du travail, que la Flandre seule possède, qu'elle conserve avec soin; malheureusement cette réparation trop tardive ne nous rendra pas ces gains étonnants perdus, abandonnés pour de chétives et misérables fleurs, dont vous vous êtes enthousiasmés sans les connaître, parce qu'elles venaient d'Angleterre, parce qu'elles avaient un nom pompeux. Nous l'avons dit souvent ; nous l'écrivons, avec un profond sentiment de peine : le Français n'est pas conséquent avec lui-même. Il déteste l'Anglais, parce que l'Anglais a lâchement brûlé une pauvre fille, dont le seul tort était de l'avoir vaincu ! lâchement fait périr sur une roche aride l'homme qui s'était confié à sa bonne foi ! Le Français se méfie de l'Anglais, parce que, pour l'Anglais, l'honneur... c'est l'*intérêt* ; et , par une contradiction inexplicable, le Français ne trouve rien de bon, rien de beau, s'il ne vient, ou du moins n'a été baptisé de l'autre côté de la Manche!.. Nous en citerions mille exemples ; un seul nous suffira.

Un de nos amis, ayant obtenu un Dahlia admirable de forme, extraordinaire de coloris , voulut, par un amour propre bien facile à comprendre, le mettre dans le commerce. Ce n'était point une spéculation ; le produit de la nature devait soulager la misère du pauvre. Plein de confiance en sa beauté, il l'envoie à Paris. On lui conseille de le vendre fort cher ; de lui donner un nom anglais. L'un et l'autre répugne à notre ami : il ne veut pas offrir à l'Angleterre un des plus nobles enfants de la France ; il lui conserve son nom modeste, mais précieux à son cœur ; il le met à la portée de toutes les bourses, pour le rendre popu-

laire... Hélas! hélas! cette plante, qui fit l'admiration
de Versailles, où M. Deschiens, de glorieuse mémoire,
l'avait exposée; cette fleur, sans contredit la plus
belle de ses congères, fut dédaignée par des Français, parce qu'elle portait un nom français!

Ah! au nom de cet honneur qui nous caractérise,
ne sanctionnons pas davantage, par une conduite
étrange, cette arrogance déplacée qu'ils affectent en-
vers nous; soyons fiers des productions de notre sol,
de cet OEillet surtout, que nous seuls possédons dans
sa pureté primitive; que la mode, fascinée par ses
pompeux titres de gloire, fait sortir aujourd'hui de
son abandon momentané!

CHAPITRE II.

Parallèle des Œillets flamand et de fantaisie.

L'Œillet primitif, le véritable Flamand, est rare, très rare; on le reconnaît à la pureté de son fond, à la forme de sa fleur, à laquelle aucune autre espèce ne peut être comparée; enfin à ses pétales parfaitement arrondis, marqués longitudinalement de trois couleurs, ce qui caractérise sa beauté.

Cultivé exclusivement par les anciens, l'incomparable Flamand diminue tous les jours, et disparaîtra même bientôt, si nous n'y prenons garde, sous les coups intéressés des partisans de l'Œillet de fantaisie, cette moderne importation de l'Angleterre. Ce dernier, pour être beau, doit s'épanouir dentelé, sablé, bordé de couleurs tranchantes sur un fond jaune; perfections qui, dans le Flamand, sont autant de titres à nos dédains. On connaît peu en France les soins que celui-ci réclame; et d'avides marchands, spéculant sur l'ignorance, s'efforcent de l'entretenir par tous les moyens.

« Quand la culture de l'Œillet a été négligée, » dit

M. Ragonot dans la préface de son ouvrage, où s'étale cette fameuse rosace, digne émule de la métropole de Reims; « quand la culture de l'OEillet a été
» négligée, c'est qu'elle était réduite aux Flamands,
» genre alors exclusivement en faveur, d'une conser-
» vation fort difficile, et qui nécessitait des soins très
» minutieux. Mais ces jolies miniatures devaient-
» elles partager le sort des Flamands? Qu'on les com-
» pare avec eux, et l'on se convaincra qu'elles exi-
» gent bien moins de soins. Ces plantes sont plus ro-
» bustes, plus variées; leur conservation et leur re-
» production exigent moins de connaissances horti-
» coles. Dans les collections les plus riches, on comp-
» te à peine cinquante Flamands bien distincts, tan-
» dis que les fantaisies en comportent plus de cinq
» cents. Nous le demandons, est-ce justice, si au-
» jourd'hui la mode et le bon sens d'accord accueil-
» lent les Fantaisies et négligent les Flamands?»

Pour appuyer encore toutes ces raisons spécieuses, M. Ragonot termine en invoquant notre propre témoignage.

Disons-le : si quelques lignes échappées à la personne qui, pendant une longue et cruelle maladie, a bien voulu coordonner nos dernières notes, justifient cette invocation, nous les désavouons hautement, car nous ne pouvons sceller de notre nom une erreur aussi grossière. On déduit de nos prémisses erronées des conséquences heureuses ; nous les détruirons par des faits, et nos paroles seront d'autant moins suspectes, que nous sommes plus désintéressé dans la question.

On montre d'abord l'OEillet négligé, parce que sa culture est réduite aux Flamands ; nous soutenons, au contraire, que l'OEillet de fantaisie le fit seul abandonner, en le corrompant dans sa source la plus pure. Connaissait-on cette miniature au moyen âge ? Voyez pourtant comme l'OEillet se cultive avec soin : il charme, il fascine ; rien ne pourrait le détrôner, si une nouvelle importation ne le souillait tout à coup de son pernicieux contact. Alors, mais seulement alors, le Flamand végète et le Fantaisie languit avec lui. S'il nous en fallait une preuve, nous la puiserions dans son nom même, dans ce signe de réprobation à tout jamais stéréotypé sur son existence. Qu'est-ce qu'une fantaisie ?... une chose éphémère ; un caprice, qui séduit un instant, qui n'enchaîne jamais. L'OEillet de fantaisie !.... ah ! que nos pères l'avaient bien jugé, l'avaient bien dépeint d'un seul mot !

Pour s'éclairer sur un fait incertain, l'historien

eonsulte les monuments du temps ; il fouille ; il exa-
mine ; il fonde son avis sur l'interprétation d'un
mot. Qu'on remonte les siècles ; qu'on parcoure le
langage des fleurs, ce gracieux interprète de la pensée : le Flamand exprime les plus beaux sentiments...,
la modestie, la magnanimité, l'espérance, l'amour;
dédaigné, l'OEillet de fantaisie peint énergiquement
le dédain.... Le dédain ! nous ne voulons pas abu-
ser de cette arme terrible : respect au courage malheureux !

On allègue encore, et pour beaucoup cette raison
est concluante, que l'OEillet de fantaisie demande
moins de soins, exige moins de connaissances horti-
coles. Pitoyables fondements ! trop funestes prétextes !
Hé quoi ! parce que sa nature grossière résiste plus facilement à votre négligence, parce que le savetier lui-
même l'étale victorieusement à travers les vitraux fêlés
de son échoppe enfumée, vous soutiendrez qu'il doit
seul captiver notre attention ! Mais pourquoi donc
alors, quand vous rencontrez une de ces suaves fi-
gures que les peintres italiens trouvaient dans leur
religieuse extase, pourquoi donc hasardez-vous jusqu'à votre vie pour un seul de ses regards ? La foule
vous presse de son plus doux sourire ; vous ne la
voyez pas ! Vous pouvez vous arrêter à ces faciles

triomphes, et vous poursuivez votre idole, avec d'autant plus d'ardeur que votre idole vous fuit! Nous en
appelons à votre conscience : votre conduite ne dé-
ment-elle pas vos paroles?

Vous proclamez la femme l'amie, la rivale de nos
OEillets; hé bien, le Flamand, c'est l'angélique créa-
ture au noble port, au regard enchanteur; l'OEillet
de fantaisie, c'est la grisette fardée, l'amie du men-
diant, la compagne du boutiquier. Préférez-le; mais,
par pitié, n'essayez pas de propager votre admiration,
car le Flamand est au Fantaisie ce que la femme
comme il faut est à la lorette.

Nous serons d'accord avec M. Ragonot sur sa troisième et dernière objection. Oui, les plus riches collections comptent à peine cinquante Flamands bien
distincts, tandis que les fantaisies en comportent
sept, huit et neuf cents. Mais savez-vous comment
se forment ces riches catalogues? comment s'obtien-
nent ces variétés nombreuses? On sème la graine;
puis, à la floraison, extirpant les simples, on baptise le
reste. Emerveillé de l'innombrable quantité de ces
plantes, plus ou moins hérissées, dont les trois quarts
nous paraissaient semblables, nous demandions un
jour quelle différence existait entre plusieurs sujets
pris au hasard. Le marchand sourit de notre naïveté.

L'un, nous dit-il, a trois cent quatre-vingt-seize dents, l'autre trois cent quatre-vingt-huit seulement ; celui-ci une bordure de deux millimètres, celui-là de deux millimètres cinq cents millionièmes. L'argument était sans réplique : nous nous gardâmes bien de vérifier.

En procédant ainsi, on conçoit que la mythologie, l'histoire sainte, la géographie, n'aient pu suffire à distinguer, au moins par le nom, des fleurs si conformes par leur économie. Honneur donc à M. Ragonot, qui nous a fourni un guide pour nous diriger sans trop d'accidents, entre les mille issues de ce labyrinthe inextricable. Du train dont vont les choses, nous aurons bientôt des millions de variétés, que l'on multipliera encore, sans doute pour voiler le véritable sens du proverbe : *Le Français est rempli de fantaisies.*

Nous pourrions, nous aussi, par une semblable conduite, doubler, quadrupler promptement les espèces du Flamand, certains, d'ailleurs, que les plus laids seraient supérieurs aux plus belles de ces miniatures, dont on vante le chiffre. Nous préférons la qualité au nombre ; nous n'admettons aucune fleur, si elle ne réunit toutes les perfections désirables ; nous l'observons ; nous l'épurons sans cesse ; et, riches de notre pauvreté, attendons patiemment le jour de la réhabilitation.

L'Angleterre, d'où nous vient l'OEillet de fantaisie, assigne au Flamand la première place, sous le nom de Bizarre ; et, croyez-nous, si cette supériorité incontestable admettait l'ombre d'un doute, elle ne l'aurait pas sanctionnée, aux dépens de son amour-propre. Qu'on le remarque surtout : nous n'ôtons rien au mérite du Fantaisie, nous l'admirons même parfois ; mais vouloir l'élever sur les ruines du Flamand, vouloir lui dresser un autel de tous ses titres à nos dédains, c'est mettre le caprice à la place de la raison, c'est renverser le monde, ou plutôt changer la signification des mots.

Que ceux qui doutent encore se rendent en Flandre du 1er au 15 juillet ; qu'ils comparent le fond pur, le riche coloris, les pétales arrondis et tricolores du Flamand avec les corolles jaunes, sablées, bordées, dentelées, du Fantaisie ; qu'ils mettent en parallèle les formes gracieuses de l'un avec l'extérieur de l'autre ; extérieur qui, suivant l'énergique expression d'un auteur ancien, ressemble tantôt à une étrille, tantôt à une écumoire ; qu'ils observent, qu'ils examinent minutieusement : leur admiration justifiera nos paroles.

On oppose au Flamand son inconstance, et le Prince de Nassau, cette gloire éternelle du Nord, compte 120 ans d'existence; on lui oppose encore ses variétés peu nombreuses; et, soumises à une épuration sévère, les espèces du Fantaisie seraient moins nombreuses encore. Nous le demandons à notre tour : Est-ce justice de dédaigner le Flamand, parce que ses perfections sont plus grandes, parce qu'on n'a pas su s'élever jusqu'à lui ?

CHAPITRE III.

Raisonnement physique sur les moyens de cultiver partout l'Œillet.

On a fait un monstre de la culture du Flamand, et, parmi toutes les raisons dont on s'est appuyé, l'inconstance du climat n'a pas joué le moindre rôle. Les motifs de tant d'attaques sont faciles à comprendre : on veut trouver le débit d'une marchandise qu'on se procure sans peine ; sur laquelle, par conséquent, on réalise des bénéfices considérables. Soit : vendez l'Œillet de fantaisie ; spéculez sur l'ignorance ; mais laissez à César ce qui appartient à César, car vous aurez en nous d'infatigables adversaires.

Pour l'observateur attentif ce prétexte, si souvent allégué, est vraiment inouï. Les plantes des régions les plus opposées croissent, se développent sous la main de nos horticulteurs ; le Flamand seul résisterait à leur persévérance ! Non, mille fois non. Nous avons étudié l'action des diverses températures sur son économie ; nous l'avons cultivé partout ; partout, l'expérience venant à notre aide, nous avons obtenu les plus beaux résultats.

A Lille, cette terre classique du Flamand, l'OEillet est exposé au soleil dix heures par jour dans un jardin entouré de murailles. Cette coutume nous amène à cette déduction : Lille est située par le cinquantième degré de latitude; or, pour laisser au soleil la même influence sur les tissus cellulaires de la fleur, il faudra, sous une atmosphère plus haute d'un degré, la soumettre neuf heures et demie à ses rayons; neuf heures seulement, sous un ciel plus chaud de deux degrés; et ainsi de suite, retranchant ou ajoutant toujours une demi-heure par degré de chaleur.

De déduction en déduction on arrive bientôt au principe de chaque chose. Lille est au nord; on prévient donc la dégénérescence de ses OEillets en les plaçant d'autant plus au nord que le lieu de la culture est plus rapproché du midi. La direction du soleil indique les quatre points cardinaux.

L'impulsion de l'air, occasionnée par son degré, influant également sur la végétation, sur le développement de la fleur, une plante placée sous une latitude quelconque s'épanouira cinq à six jours plus tôt qu'une autre plante de même nature, mais plus éloignée du soleil d'un degré ; et, par une conséquence naturelle, sera rempotée cinq à six jours plus tôt.

L'Œillet éclot à Paris vers le 12 juillet ; à Lille, ville située par le cinquantième degré de latitude, il fleurit donc vers le 24 ; vers le 30 à Dunkerque, c'ést-à-dire au cinquante et unième degré ; mais à Madrid et à Naples, qui se trouvent par le quarantième, ces mêmes plantes sont en fleur au commencement de juin. Or, si l'on rempote à Lille le 12 avril, on le fait le 1er à Paris, le 16 à Naples ou à Madrid.

En un mot, pour obtenir des Œillets aussi beaux que ceux de la Flandre, quelle que soit d'ailleurs la contrée, il faut, dans le midi, les exposer au nord de son jardin ; les soumettre au soleil en proportion de la chaleur du climat. Si la température est brûlante, il est encore indispensable de les couvrir d'une toile mouillée de dix heures du matin à deux heures du soir.

CHAPITRE IV.

Recherches pour changer la couleur de l'Œillet.

En laissant échapper de sa main libérale cet essaim de plantes qui émaillent la terre de leurs corolles embaumées, le Créateur, si prodigue de nuances, semble avoir oublié le bleu. Parcourez un herbier, ce livre de la nature péniblement amassé : les tons les plus délicats, les couleurs les plus variées, se presseront sous vos doigts avides; mais, au milieu de ces teintes diverses, quelques fleurs à peine réfléteront l'azur du firmament.

On a cherché dans les procédés chimiques une compensation désirée; on a puisé à toutes les sources; on a usé de tous les moyens : l'homme a dû s'incliner dans le sentiment profond de sa propre impuissance. Un jour, pourtant, la nature elle-même sembla venir à son aide; on découvrit dans certaines contrées de la France (que nous ne pouvons rendre publiques, que nous indiquerions volontiers) une terre de bruyère dont l'influence secrète, agissant sur les fibres de l'Hortensia, change le rose de ses pétales en un bleu délicieux.

Soumise à l'analyse, cette terre avait donné une très forte dose de peroxyde de manganèse ou trito-xyde $= \dot{M}^n$ à l'état de stalactite, c'est-à-dire de masse compacte, renfermant presque toujours une certaine portion de fer et une petite quantité d'hydroxyde, qui se liquéfie par calcination.

Poussé instinctivement vers l'étude de la nature, nous avons soumis un OEillet à l'action de cette terre étrange; puis, n'ayant pas réussi, nous avons tenté une large et consciencieuse expérience, dont l'exposé rapide pourra servir aux amateurs intelligents.

Le peroxyde de manganèse, vulgairement appelé savon des verriers, sert dans les arts à blanchir le verre, sur lequel il agit en désoxydant, puis brûlant les substances carbonisées, qui colorent la matière ; mais, administré avec trop d'abondance et sans pré-caution, il nuance d'un violet plus ou moins vif ; ce qui nous porta naturellement à conclure que son effet sur l'organisme de la plante serait d'autant plus puissant qu'il aurait été employé en plus grande quantité.

Nous étant donc procuré un poids convenable de peroxyde de manganèse, nous l'avons mélangé d'une terre de bruyère ordinaire, dans les proportions de la terre naturelle, c'est-à-dire, d'un à quinze. A côté de cette première composition, nous en avons formé une nouvelle d'un peroxyde sur douze bruyère ; quelques mois après, nos mélanges bien-combinés par des maniments successifs et l'action de l'atmosphère, dix pots d'égale grandeur ont été pris et soigneusement étiquetés.

Les deux premiers, portant le numéro *un*, furent remplis de cette terre, si active sur l'Hortensia ; deux autres, sous le numéro *deux*, reçurent la première de nos préparations ; la seconde fut renfermée dans quatre vases, désignés par les chiffres *trois* et *quatre* ; enfin le nombre *cinq* comprit les deux derniers, pleins de terre de bruyère, mais de bruyère ordinaire.

Cinq fortes boutures d'Hortensia, arrachées de la même souche, furent plantées dans les divers mélanges, puis aussitôt mises en parallèle d'OEillets, pris à une seule mère et élevés dans ce but. Pour mieux étudier l'influence du manganèse sur les différentes teintes, nous avions placé dans chaque pot un OEillet blanc, un rose pâle, un violet.

Jusqu'à leur floraison, les numéros *un* furent peu arrosés et toujours avec l'eau naturelle ; les numéros *deux*, au contraire, le furent beaucoup, afin d'augmenter l'action du peroxyde sur l'économie de la plante. Les chiffres *trois* furent humectés chaque jour, les nombres *quatre* en même temps, mais ces derniers avec l'eau de pluie, fortement imprégnée de manganèse dissout; décoction que l'on prodigua encore matin et soir aux numéros *cinq*.

L'Hortensia du chiffre *un* se couvrit bientôt de feuilles admirables, aux nervures foncées; son port devint d'une vigueur insolite; et, quand la fleur, d'un bleu superbe, s'étala coquettement sur sa colonne mobile, rien n'était plus gracieux que cet ensemble.

Soumis à la même terre, les fanes de l'OEillet se colorèrent d'un vert foncé; le blanc prit une teinte jaunâtre; le rose se macula légèrement.

Sous le numéro *deux*, l'Hortensia, après avoir long-temps végété, se couvrit de chétives fleurs d'une nuance incertaine; les OEillets étaient languissants; leurs corolles semblaient fanées, sans révéler toutefois la présence du peroxyde.

L'Hortensia portant la marque *trois* eut un seul bouton, et ce bouton n'était ni bleu, ni violet, ni hortensia, mais lie de vin sale; les OEillets ne fleurirent pas.

L'Hortensia ne put soutenir les rudes épreuves du numéro *quatre*; l'Œillet blanc émit seul quelques pousses étiolées.

Enfin le signe *cinq*, impuissant sur la couleur de l'Hortensia, lui fit perdre la vivacité de ses tons; les pétales étaient petits et maigres, les feuilles sans consistance et d'un vert très pâle. Sous ce régime, l'humidité continuelle pourrit promptement les Œillets.

Depuis, nous avons essayé ces combinaisons sur le Dahlia, la Rose et la Renoncule; tous ont résisté à nos efforts. Pourquoi, de deux plantes données, cette terre, modifiant l'une, ne change-t-elle pas l'autre? Comment les tissus cellulaires de l'Hortensia portent-ils jusque dans la fleur cette vertu colorante? Nous laissons aux physiologistes le soin d'expliquer ces résultats mystérieux, que nous admirons, que nous ne comprenons pas.

Qu'il nous soit permis, maintenant, de rapporter mot pour mot trois conseils, donnés autrefois par un jésuite et consignés tout au long dans un ouvrage du temps.

« L'intérêt et la curiosité, écrit-il, ayant inventé
» plusieurs moyens de panacher et chamarrer de di-
» verses nuances les fleurs de nos jardins, je crois

» utile d'exposer le mode de faire des roses vertes et
» bleues, comme aussi de donner en très peu de temps
» deux ou trois couleurs au même OEillet, outre son
» teint naturel.

» Ayant pulvérisé de la terre grasse cuite au so-
» leil, et l'arrosant puis après, l'espace de quinze à
» vingt jours, d'une eau rouge, jaune, ou autre tein-
» ture, la graine, qu'on y aura semée, prendra la nuan-
» ce de cet arrosement artificiel.

» Quelques uns ont semé ou greffé la semence
» dans le cœur d'une ancienne racine de chicorée
» sauvage, la reliant après étroitement et l'environ-
» nant tout autour d'un fumier bien pourri ; d'où on
» a vu sortir, par les grands soins du jardinier et la
» miséricorde divine, un OEillet bleu, autant beau
» qu'il était rare.

» D'autres ont enfermé dans une petite canne,
» bien déliée et frêle trois ou quatre grains de notre
» chère fleur, la couvrant soigneusement de terre et
» de bon fumier; lesquelles semences de diverses ti-
» ges, se mettant toutes en une et ne formant qu'une
» racine, ont ensuite produit des branches admirables,
» pour la diversité et variété des fleurs. »

Qui de nous oserait écrire et publier de telles niaiseries? Mais que ne pouvaient tenter les jésuites, ces intelligences profondes, sur l'esprit crédule et ignorant des peuples d'alors?.... Ce bon temps était celui des miracles ; de nos jours, hélas! on n'en fait plus.

CHAPITRE V.

Des semis.

Comme l'enfant, qui, au début de la vie, renferme le monde dans son horizon ; croit l'atteindre bientôt, et s'étonne, en le voyant fuir sans cesse devant lui ; l'horticulteur pensait avoir épuisé les richesses de la nature, ou, du moins, les épuiser sous peu. Il sait aujourd'hui qu'au delà de ces régions existent d'autres régions fertiles ; il les recherche avec patience ; il les explore avec minutie, et tous ses pas sont marqués par de beaux, par de légitimes succès. Un jour, peut-être, il obtiendra l'OEillet bleu, ce problème des savants, car le Créateur couronne tôt ou tard les pénibles efforts.

Ainsi, par des soins multipliés, la culture s'est enrichie d'admirables variétés, que l'amateur soigneux augmente encore, en semant avec persévérance. Mais il ne doit pas seulement semer; il lui faut des précautions entendues ; et ces précautions nous les décrirons en détail : car, faisant éclore de semis des types de plus en plus parfaits, elles constituent seules la suprématie incontestable de notre bien-aimée fleur.

§ 1er. — Du baquet.

On sème généralement ou en terrines, ou dans des baquets, provenant de vieilles barriques. De ces deux modes l'un est fort lourd, fort difficile à manier; l'autre, dépourvu d'anses, échappe parfois des mains de l'horticulteur le plus soigneux, se heurte, se brise, et, par une conséquence nécessaire, casse, froisse ou perd les jeunes pousses, cette récompense de tant de soins.

Pour obvier à ces inconvénients si graves, nous achetons à bas prix des barriques de savon gras, sciées à 162 millimètres du fond; nous formons des anses, en pratiquant à leur partie supérieure, de chaque côté, deux larges trous, traversés de fortes cordes, unies en poignée. Ces baquets donnent aux semis une vigueur extraordinaire par l'action du corps gras dont les parois sont enduites, et qui, dissout au soleil, communique à la terre son énergique engrais. Ils offrent économie d'argent, de temps, d'espace : économie d'argent, car le commerce, n'en tirant aucune utilité, les abandonne volontiers pour quelques centimes ; économie de temps, puisque l'horticulteur les transporte aisément, sans recourir à une force étrangère ; économie d'espace enfin, car, peu fragiles de leur nature, on les entasse en hiver dans un coin quelconque de la cave. Nous les recommandons d'une manière spéciale, nous engageons même à les cercler en tôle ; surcroît de dépense offrant un bénéfice réel par la longue existence donnée ainsi aux baquets. Nous en avons eu, il y a 7 ans, 18 cerclés en tôle, de rencontre, pour la modique somme de 10 fr., et, malgré un usage continuel, ces vases sont encore très bons.

§ 2. — De la terre.

On prend du terreau vieux de cheval, puis, suivant la localité, de la terre de taupe tamisée, ou du coulin de rivière, mélangé de poudrette, comme nous l'expliquons au chapitre X ; on en fait deux tas séparés, que l'on abrite sous un hangar, jusqu'au moment de semer.

§ 3. — De la graine.

Il est fort difficile, pour ne pas dire impossible, de se procurer une graine convenable, si on ne la récolte

soi-même. Le commerce livre ordinairement la semence d'OEillets simples ; l'amateur jaloux élude
souvent, sous un prétexte spécieux, la demande d'un
ami indiscret. L'horticulteur assez heureux pour la
recueillir peut donc seul satisfaire à ces conditions,
pronostics certains de résultats satisfaisants, c'est-à-
dire, conserver la gousse dans des sacs étiquetés ;
l'égrainer à l'instant de confier à la terre les grains
gros, noirs, luisants, bien nourris ; semer enfin l'a-
vant-dernière récolte : car la dernière, n'ayant pas eu
le temps de fortifier son germe dans un repos momentané, ne donnerait pas d'aussi belles fleurs ; phénomène étrange peut-être, mais constaté maintes fois
par l'expérience.

§ 4. — Epoque des semis.

Quelques auteurs conseillent de semer en automne;
ils s'appuient sur cette raison, bien forte sans doute,
que les nouveaux nés fleurissent l'année suivante. Nous
avons essayé cette théorie nouvelle et obtenu en effet
une floraison, mais quelle floraison! D'ailleurs, les semis d'automne demandent des soins dont rien ne récompense ; si novembre est pluvieux, si l'hiver est

prématuré, les jeunes plants, trop faibles pour résister, meurent infailliblement, ou du moins languissent, se contractent, perdent leur valeur.

La semence sera donc confiée à la terre du 20 avril au 1er mai au plus tard, et toujours à la pleine lune d'avril; circonstance qui a provoqué l'hilarité des philosophes, dont ils ont voulu prouver l'inutilité par une suite de déductions viciées dans leur principe; circonstance nécessaire pourtant, car elle repose sur quatre siècles d'observations, car nous l'avons éprouvée nous-même, qui, quoique vieux, savons encore peser les choses et remonter à leur cause première.

§ 5. — Du mode de semer.

Quel que soit le vase employé (ce vase aura toujours 162 millimètres de haut), on le remplit jusqu'à 108 millimètres de terreau vieux de cheval, recouvert de 27 millimètres de terre de taupe ou de coulin de rivière, sur laquelle on dispose en quinconce, à des distances égales de 27 millimètres, les graines choisies, pour les affaisser ensuite légèrement avec le creux de la main et les recouvrir de 18 millimètres de terre de taupe ou de coulin, surchargée elle-même, afin d'entretenir une favorable humidité, de 5 millimètres environ d'un vieux terreau de cheval. On humecte copieusement le tout, au moyen d'un arrosoir de poupée à trous très fins, ou, mieux, d'une seringue percée de jours de l'épaisseur d'un crin; l'un et l'autre tenus de telle sorte que l'eau, retombant en pluie douce, ne plaque ni ne dérange la terre.

Le quinconce réclamé est long, est pénible à exécuter, nous en convenons; mais combien d'avantages pour ce petit inconvénient! D'abord les pieds sont isolés; l'air circule entre eux; le chevelu, se formant séparément à chaque plante, lui donne une vigueur insolite. Au contraire, répandues au hasard, les graines se rassemblent, se nuisent réciproquement.

§ 6. — Des soins ultérieurs.

Les baquets, exposés au soleil, sont rafraîchis au besoin, et surtout soigneusement garantis des grandes chaleurs, des pluies d'orage, qui battent la terre, qui gênent le développement de la graine.

§ 7. — Du sevrage des semis.

On a préparé en mars des couches, recouvertes

vers le 15 juillet, lorsqu'elles sont complétement re-
froidies, de 162 millimètres de vieux terreau, où
l'on met en pépinière les semis, garnis alors de 8 à
10 feuilles. A cet effet, on approche les baquets de la
couche; on les arrose copieusement, afin de rappro-
cher les molécules de la terre, de les cramponner aux
racines; puis, réunissant entre le pouce, l'index et le
médius de la main droite, les fanes de l'OEillet, on les
tire perpendiculairement, de manière à laisser une
espèce de motte autour du chevelu, que l'on replace
aussitôt dans le trou préparé sur la couche; on recouvre le tout, en serrant légèrement le semis au collet.

Deux observations importantes se présentent ici :

1° Disposer les trous en quinconque et à des distances égales de 135 à 162 millimètres.

2° Ne pas tomber dans l'absurde usage de supprimer tout ou partie du chevelu, pour repiquer la plante.
En effet, un semblable procédé l'altère toujours; la
tue parfois, sous les atteintes du blanc ou de la pourriture.

Nous devons prouver, en passant, l'importance de
notre méthode. Dispersée sans ordre, même par
un bras vigilant, la semence, quoique mélangée de
sable, s'isole rarement. Lorsqu'on sèvre les semis,
il faut en arracher deux, trois ensemble; puis les sé-

parer ; or, le chevelu des tiges rapprochées se croisant, s'enlaçant dans leur pousse rapide, cette division détache la terre, découvre les racines, les dérange, les froisse. En repiquant le jeune pied, le chevelu est plaqué, superposé, contrarié ; et, si la nature, par sa mystérieuse influence, le disperse enfin dans sa symétrie première, la plante a long-temps végété et, par conséquent, fleurit bien plus tard , lorsqu'elle fleurit.

§ 8. — Des soins de la pépinière.

Sur couche , les semis sont abrités des chaleurs brûlantes, qui les fanent, les dessèchent ; des grandes pluies, qui, battant le terreau, déchaussent l'Œillet, sous des paillassons légers, soutenus, pour laisser à l'air sa libre action, par des perches de 66 centimètres de hauteur.

Fléau des pépinières, leur ennemi le plus terrible, car il agit dans l'ombre, le chat, trouvant dans la terre meuble des couches une surface docile, immole parfois une vingtaine de semis à son amour de propreté. Nous prévenons ses attaques nocturnes, en garnissant de longues et fortes épines la place, trop souvent domptée sous les coups multipliés de sa griffe acérée.

§ 9. — De l'hivernage des semis.

Dans les premiers jours d'août, on prépare, pour recevoir les OEillets, des plates-bandes d'un mètre de largeur, bombées vers leur milieu, afin de faciliter l'écoulement des eaux. Des maniements successifs rendent le sol le plus meuble possible ; vers le 15 septembre, par une pluie douce, ou au moins par un temps humide, chaque plant de la pépinière est soigneusement levé, au moyen d'une spatule de fer, en forme de houlette, courtement emmanchée, puis déposé, avec toutes les précautions d'usage, dans les trous, formés en quinconce sur trois rangs et à des distances égales de 217 millimètres : sur trois rangs, car les jeunes pousses sont ainsi plus scrupuleusement soignées ; l'air développe mieux leurs fibres chancelantes ; les rejetons des élus se marcottent sans gêne, sans risque ; enfin, si l'hiver est trop rigoureux ou trop inconstant ; s'il survient de fortes neiges, de longs et dangereux verglas, il est facile, grâce à cette disposition, de pallier les effets de ces intempéries funestes sur l'organisation délicate des semis, en les abritant sous une paille épaisse, réunie en paillasson entre six baguettes fortement rapprochées par du fil de fer ; on place ces paillassons de chaque côté des plates-bandes; leurs extrémités supérieures s'assemblent en forme de toiture sur une perche, seutenue à chaque bout par deux forts piquets; le tout est vigoureusement marié au moyen de laiton; de telle sorte que, néanmoins, chaque plan incliné tourne sur son axe, pour faire jouir la plante des quelques beaux jours de la saison.

Mais, nous étant aperçu de la prise du vent sur les abris, nous avons imaginé une nouvelle couverture beaucoup plus simple, et, partant, plus commode. A l'entrée de la mauvaise saison, on pique en faisceau, dont l'OEillet occupe le centre, trois petits bâtons, sortant de terre de 33 à 34 centimètres; on répand dessus de la paille de seigle, de manière à former une couche de 15 centimètres, qui entrelace ses fétus hérissés. Mauvais conducteur de l'humidité, absorbant même la gelée, cet abri offre encore l'avantage immense de tamiser l'air en le laissant librement circuler.

Quels que soient vos soins, l'hiver marque toujours son passage; mais des semis prudemment réservés sur la pépinière en effacent bientôt les traces; puis, quand le soleil réchauffe la nature; lorsqu'on enlève la paille, car les bâtons protégent la tige contre les coups du vent, l'amateur, trompé par ce sub-

terfuge, envie votre bonheur et s'étonne d'une conservation si complète. Tranquilles alors, vous attendez
patiemment ce qu'il plaît à la Providence de vous en-
voyer.

§ 10. — Quelques mots sur les semis de Fantaisie.

L'observation rigoureuse des préceptes transcrits
pour la culture du Flamand développerait peut-être
dans l'OEillet de fantaisie des ressources inconnues;
mais, d'une constitution vigoureuse, la plupart de ces
règles lui sont au moins superflues; aussi avons-nous
l'habitude de le semer au commencement de mai, sur
une couche froide, peu arrosée, et, par conséquent,
abritée des pluies continuelles, des chaleurs excessi-
ves, sous des paillassons, retenus à 66 centim. du
sol par des bâtons noueux; arrachant ensuite les plus
serrés, nous les repiquons aux places vides jusqu'à l'é-
poque favorable pour leur assigner un dernier em-
placement.

CHAPITRE VI.

De l'arrosement.

L'OEillet, sujet à la pourriture, demande à être rafraîchi, mais à être rafraîchi seulement; on doit donc l'arroser à propos et toujours avec modération. Sous un ciel tempéré, on humecte le soir la terre desséchée; le matin dans les mois brûlants, où la fraîcheur des nuits vivifie suffisamment les pots. On emploie de préférence l'eau de mare ou de rivière, pourvu qu'elle soit limpide et sans mauvaise odeur. A son défaut, celle de pluie, tombée des gouttières dans de vastes tonneaux disposés à l'intérieur des orangeries; ou bien encore l'eau de puits, de fontaine, long-temps exposée au soleil : précaution indispensable et sans laquelle la plante, saisie tout à coup, se meurt infailliblement.

Nous avions conseillé le tourteau de Colza, pour fortifier la tige; nous avions eu tort. Cette composition, en effet, imprègne la fleur d'une odeur nauséabonde, altère le blanc en l'infectant d'une nuance

roussâtre. Soumise à la société de Bailleul, cette observation, qui nous avait conduit aux essais du peroxyde de manganèse, fut reconnue exacte, et son vénérable président daigna remédier au mal, constaté
tant de fois sur notre collection. Il nous communiqua
le secret de conserver le blanc dans sa pureté primitive, même sous l'action propice d'un tonique puissant; secret que nous livrons à la publicité, non sans
adresser de sincères remercîments à M. Cortyl, dont
la science dissipa nos derniers doutes, dont la bonté
nous permet aujourd'hui d'imprimer, pour l'avantage
de tous, ce que lui seul peut-être a trouvé.

Lorsque les marcottes émettent de nouvelles racines, qu'elles commencent à se développer, c'est-à-dire
quinze jours après le rempotage, on les arrose de plus
fine, à l'état naturel, puisée par conséquent dans des
fosses plus ou moins inodores; un mois après, on
renouvelle l'opération, et ces deux arrosements suffi-
sent pour la campagne. Cependant, si quelques pousses sont encore languissantes, on mêle un tiers de
plus fine à l'eau ordinaire, puis on les rafraîchit mo-
dérément. Dans tous les cas, les pieds ainsi humectés
doivent être secs le soir; autrement on les laisse souf-
frir de la sécheresse, pour leur donner ensuite une
eau pure. Ce mode, qui parfois semble répugnant, à

4.

l'amateur, ne projette aucune odeur ; il réchauffe la plante par ses sucs, qui s'infiltrent dans le chevelu ; il facilite enfin la floraison et rend les nuances plus vives. Dans l'intervalle de l'une à l'autre plus fine, comme après, les pots sont ravivés avec l'eau de pluie, de rivière ou de fontaine, distribuée avec discernement.

Jusqu'à la fleur, on arrose au moyen d'une seringue à Camellia, dont l'extrémité, d'une circonférence de 120 à 130 millimètres, est percée de trous minces et serrés. Tenu de loin et de haut, cet instrument inonde la plante d'une douce rosée qui la pénètre ; qui lui serait favorable en tous temps, si l'eau, maculant les teintes, n'en proscrivait l'usage sur les corolles nouvelles écloses ; on emploie alors un petit arrosoir au tuyau aminci, que l'on glisse entre les vases agglomérés.

L'horticulteur, dans l'impossibilité de se procurer la susdite seringue, la remplacera par une pomme aux mille ouvertures, inclinée de très haut afin d'humecter doucement la terre, mais toutefois l'humecter ; ce qui nous rappelle un trait bien simple, devenu dans les journaux un véritable prodige.

Un jeune homme possédait dans sa chambre un OEillet bois : cet OEillet se mourait. Un matin, il répand au hasard l'eau de sa toilette sur la fleur moribonde, et la fleur se ranime aussitôt. {Il doute, il hésite ; il ne peut croire à un si grand miracle ; la tige, néanmoins, se couvre de boutons. Pour le coup, il crie merveille, il vante son élixir inconnu ; et la foule de s'écrier avec lui, de proclamer l'eau de savon comme moyen infaillible de sauver la pousse languissante.

En vérité nous sommes surpris qu'un journal éclairé se fasse l'écho de ces vains bruits. De deux choses l'une : ou l'OEillet mourait de soif; ou, le terreau étant épuisé, il succombait, faute de nourriture, sous les efforts d'une lente agonie. S'il avait soif, l'eau a vivifié ses fibres; s'il avait faim, le savon, pénétrant la terre, l'a momentanément fécondée et fourni aux tissus de la plante un aliment propice. Dans l'un et l'autre cas, tout est naturel, très naturel, car l'OEillet périra bientôt, si on tarde encore à l'arroser, ou plutôt à le rempoter.

CHAPITRE VII.

De l'admission des Œillets.

Semblables aux Spartiates, qui, pour la gloire du nom, noyaient impitoyablement les enfants incapables de servir la patrie, les habitants du Nord apportent une sévérité inouïe à l'admission d'un OEillet. La beauté ne suffit pas; il faut, avant d'être déclaré citoyen, que le semis subisse, comme autrefois les nouveaux nés de Sparte, de longues et pénibles épreuves, à peine connues de notre siècle mercantile, mais dont, quand Paris baptise si pompeusement tout ce qui n'est pas simple, l'amateur nous saura gré, sans doute, de tracer l'historique en quelques mots.

A l'époque de la floraison, ce temps des douces émotions, des déceptions cruelles, les vastes champs d'OEillets sont visités sans cesse. Un sujet attire-t-il les regards par sa forme élégante, par la vigueur de son coloris, la renommée proclame aussitôt le nom de l'heureux possesseur. On accourt, on se presse autour de la fleur nouvelle ; chacun l'observe avec soin ; chacun communique ses observations, vivement mais sagement combattues ; puis, si le résultat semble prédire une admission prochaine, le propriétaire charmé provoque une enquête, solennellement fixée, impatiemment attendue. Enfin, le jour est arrivé ; la commission s'assemble ; elle regarde, elle observe, elle note avec minutie :

1° Si la plante est forte et vigoureuse ;

2° Si les fanes sont larges, minces, d'une couleur nette ;

3° Si les nœuds de la tige se trouvent à des distances égales, sans être trop éloignés les uns des autres;

4° Si les tiges latérales se développent bien ;

5° Si la fleur s'étale sur son pédoncule avec grâce et majesté;

6° Si les boutons sont allongés, le calice épais, d'un beau vert ;

7° Si les pétales s'effilent en sortant, afin d'entourer également la fleur nouvelle éclose; s'ils sont bien arrondis, symétriquement rangés, c'est-à-dire superposés l'un sur l'autre dans un ordre régulier;

8° Si le blanc est pur, sans aucune nuance rougeâtre;

9° Si la fleur, bariolée longitudinalement, à de grandes moustaches ;

10° Si la coque se tourne en clou de girofle ; si les étamines, sortant par le cœur, représentent le museau d'un papillon ; expression hasardée peut-être vis-à-vis des naturalistes, et néanmoins consacrée en Flandre ;

11° Si le périmètre des corolles se présente naturellement, porte au moins 234 millimètres ;

12° Si la fleur est ronde, double, faisant le dôme en son milieu ;

13° Si les couleurs enfin sont éclatantes et fines, transparentes et nuancées ; si les lignes colorées sont longitudinales, larges, tranchées, nettes.

L'Œillet perfection offre, épanoui, une circonférence de 325 à 406 millimètres ; il présente, dans les premières classes, un coloris vif et pur ; dans les bizarres, trois fleurons bien dessinés sur un fond net ; mais toujours une forme gracieuse sous tous les points de vue.

Victorieuse de tant d'épreuves, la plante reçoit alors un numéro d'ordre joint au millésime de sa naissance ; elle n'est point encore admise au nombre des Flamands, à cette dignité que la mort seule enlève, que l'on accorde par conséquent avec discrétion, de peur d'introduire dans la cité sainte un ingrat qui la déshonore. Ce premier triomphe, c'est un pont jeté entre la mort et la vie; un mot merveilleux qui apporte son tribut de soins, un mot toutefois sans valeur aucune, jusqu'à ce qu'une nouvelle année, garantissant la constance de la fleur, lui assigne à jamais un rang parmi ses rivales.

Hélas ! cette victoire, si facile à décrire, se mérite rarement, s'obtient plus rarement encore. La Flandre sème de vastes champs, et la Flandre pourtant prononce à peine chaque année sept ou huit admissions; chiffre presque incroyable, si la statistique ne le constatait.

En 1831, Bailleul obtient un gain; 1832, 1833, ne donnent rien de remarquable; 1834 produit trois nuances nouvelles; 1835 quatre; 1836 six; 1837 huit; 1838 sept; 1839 quinze; 1840 deux; 1841 vingt-six; 1842 quatorze; 1843 une; ce qui, formant un total de quatre-vingt-sept, donne en moyenne six semis par an; nombre médiocre comparé aux nouveautés des horticulteurs parisiens; nombre immense, vu la rigueur des juges.

Ce mode est religieusement pratiqué par les membres de la Société d'horticulture, ces gardiens vigiants de l'honneur de la plante ; nous ne pouvons cependant répondre de son observation rigoureuse par les marchands du Nord : car à Lille, à Bailleul, comme à Paris, comme partout, il y a de ces spéculateurs qui font argent de tout.

CHAPITRE VIII.

Du catalogue.

Souvent le gain d'une année dégénère l'année sui‑
vante ; souvent les doux rêves de l'amateur s'éclip‑
sent, se dispersent, comme la blanche fumée sous les
efforts de la tempête. Le vainqueur, néanmoins, a triom‑
phé des outrages du temps : il s'incline gracieux sur sa
tige flexible ; il étale son coloris si riche, si pur, aux
regards du maître enchanté ; son sort ne peut rester
plus long-temps incertain. La même commission s'as‑
sure de l'identité de la fleur, et lui donne un numéro,
qu'elle porte désormais dans ses annales.

Généralement, les amateurs n'assignent point de
noms à leurs nouveaux OEillets, désignés dans leurs
catalogues par le numéro, la nuance, la date du
gain. Quelques marchands consciencieux voudraient
adopter cette méthode ; nous les en dissuadons forte‑
ment, car, pour le commerce, elle est incomplète.
Comment en effet, dans plusieurs collections, l'hor‑
ticulteur distinguera-t-il les plantes semblables ? Il

demandera le chiffre 50 à l'un, le chiffre 84 à l'autre, et ces chiffres pourront être identiques, sous des appréciations différentes. Sa confiance dès lors sera perdue; avec elle, peut-être, son goût naissant pour l'OEillet; conséquence vivement sentie par les sociétés d'horticulture du Nord, qui engagent aujourd'hui les jardiniers, dans leur propre intérêt, à spécifier les gains par des noms simples, invariables, par les tons de leurs corolles franchement décrits; à joindre même l'époque de leur naissance, leur numéro d'ordre.

Les Allemands sont plus minutieux encore; ils font suivre leurs sujets de signes nombreux, longuement interprétés au commencement du catalogue, et classés d'ordinaire en six sections distinctes.

La première renferme soixante-quatre termes indiquant, dans le plus grand détail, les nuances des pétales.

Les douze désignations de la deuxième sont relatives à la lumière des couleurs (lichtbestimmungen der Farben).

Les vingt-trois signes de la troisième se rapportent au dessein (zeichnung); parmi eux les suivants sont presque inintelligibles pour nous :

Subtil-simple,—Dessin du coin,—Dessin du coin

avec des traits attenant, — *Hollandais pyramidal romain,* — *Dessin d'un arc,* — *Dessin d'un double arc,* — *Dessin de miroir,* — *Espagnol,* — *Dessin linéaire du calice français,* — *Rayé subtilement.*

La quatrième donne la forme des pétales (form der blümen blattes) au moyen de cinq expressions plus précises.

La cinquième décrit la forme de la fleur (form der blume), par les neuf qualifications de grande, pleine, éclatante, pétillante, crevante; structure d'une rose, d'un martagon , d'un triangle, joliment bâtie.

La sixième enfin comprend dix désignations abrégées (kurze Bestimmungen) dont voici les principales : *Avec,* — *très,* — *beaucoup,* — *beau,* — *épanoui,* — *en bas,* — *en haut.*

Chaque fleur porte donc au moins neuf signes, tellement précis que l'amateur connaît la plante sans l'avoir jamais vue. Ces signes sont de convention; chacun les modifie à sa guise; ils se développent, ils se restreignent à l'infini. Nous avons posé les principaux jalons; puisse le commerce adopter une méthode si propice, ou du moins suivre à la lettre les avis, plus simples , mais aussi plus équivoques, des habitants du Nord !

CHAPITRE IX.

Des marcottes.

La Renommée promulgue bientôt la sanction des souverains juges ; les demandes se multiplient, et l'horticulteur, se hâtant, pour les satisfaire, de marcotter son gain, le perd trop souvent par une précipitation mal entendue ; circonstance qui nous mène à l'exposé minutieux de cette opération importante dans la culture de l'Œillet.

§ 1er. — Du temps des marcottes.

On marcotte ordinairement lorsque la fleur est fanée, passée plutôt, car sa chute conduit trop loin, surtout en Flandre, où la floraison a lieu du 24 au 30 juillet. Vers le 15 août, vers le 5, s'il est possible, la tige doit donc être marcottée, opération que l'on prépare en cessant, afin de rendre la marcotte plus flexible, les arrosements la dernière semaine.

§ 2. — Des marcottes au crochet.

Ce mode ancien est trop simple, est trop connu pour qu'il nous soit besoin de l'exposer. Conseillons seulement son application sur le parc, c'est-à-dire sur les plants déposés dans une plate-bande spéciale aux Œillets de semence.

§ 3. — Des marcottes au cornet.

Semis remarquable, le Flamand se trouve au parc la première année, et les pousses qu'il émet du pied sont aisément sur les lieux mêmes marcottées au crochet; les marcottes sevrées; la plante mère, mise en pot, ne donne plus du pied aucun rejeton; ou, si parfois elle en donne encore, on les arrache sans pitié, car, absorbant la sève, ils nuisent aux tiges supérieures. Ce fait nécessitait un autre mode de reproduction; l'esprit ingénieux de la Flandre a imaginé le cornet, méthode facile, d'un usage presque universel.

On courbe le plomb qui enveloppe d'ordinaire la poudre ou le tabac étranger en petits cornets de 57 millimètres de hauteur sur un rayon de 22 millimètres à sa base, de 190 à son sommet; on les assujettit au pied, soit avec du fil, soit avec du laiton très mince, puis on les remplit de terre.

§ 4. — De la terre du cornet.

On mélange, en proportions égales, de la terre de taupe conservée un an sous un hangar, du vieux terreau très sec et de la poussière de saule, ou détritus des parties ligneuses de l'arbre, principalement recueilli sur sa tête ; *détritus*, pour cette raison sans doute, improprement appelé *terre de saule ;* on passe le tout dans un tamis de crin.

§ 5. — Théorie de l'opération.

Assis sur un siége élevé, devant une table chargée sur ses deux côtés de cornets et de fils préparés d'avance, le mélange des terres à sa droite ; à sa gauche les pots d'OEillets, le jardinier pose la fleur sur la table, en assure les marcottes pour supprimer toutes les fanes jusqu'au nœud qu'il va opérer. Il commence par le haut ; il attache les unes aux autres, en tournant autour de la plante, les marcottes incisées, de peur d'en casser par des engagements imprévus. Le nœud à découvert, il l'entraîne derrière l'index de la main gauche, son point d'appui; il l'incise 5 millimètres plus bas, en bec de flageolet, et prolonge l'incision au delà du nœud, séparé ainsi en deux parties égales. Il pose alors de niveau le cornet sur la plante; il place au milieu le calus coupé, le remplit du mélange, qu'il affaisse légèrement au moyen d'un petit bâton pointu, et recouvre de 5 millimètres d'argile, afin que les pluies ou les arrosements ne dégarnissent pas la marcotte; enfin il fixe les cornets par des liens intelligents, puis élève au dessus du vase le terreau de la mère en talus pressé.

§ 6. — Des soins ultérieurs.

Les six premières semaines, jusqu'à ce que, en d'autres termes, la marcotte soit enracinée, on arrose, suivant l'atmosphère, les cornets, deux, trois fois par jour, avec un instrument à trous très fins, tenu de très haut; ou mieux avec une seringue à Camellia qui, lançant l'eau en poussière, inonde la tige et la rafraîchit doucement. On s'assure de temps à autre si la terre glaise, si le talus, existent encore; dans le cas contraire, on les remplace aussitôt : sans argile, en effet, la terre meuble du cornet se disperse sans cesse; sans talus, l'eau, répandue sur la jeune pousse, retombant en partie sur le pot, y entretient un surcroît d'humidité dont la plante-mère souffre toujours, dont elle meurt parfois.

§ 7. — Quelques observations.

Dans certains OEillets à la sève vigoureuse, les vides de l'incision se remplissent d'une consistance gélatineuse qui, ressoudant le nœud, empêche l'émission des racines. Lorsqu'on les connaît, on détache le plomb un mois après sa pose. La marcotte est-elle avortée, on entaille de nouveau l'excroissance, le calus; on gratte le bout du nœud avec un canif, après quoi on le replace dans sa position première, où il se forme un prompt chevelu.

Pour être gracieuse et convenable, la tige opérée doit avoir 160 à 170 millimètres de hauteur. Une moelle jaune étant un indice de chancre, on ne la marcotte jamais.

§ 8. — Des boutures.

Cette reproduction ancienne se pratique de préférence aujourd'hui sur des rejetons brisés ou manqués. En effet, il arrive au plus adroit de trop inciser, de casser même une marcotte précieuse, et cette maladresse lui coûterait souvent fort cher, s'il n'avait un moyen infaillible de la réparer.

Il coupe d'abord la pousse à deux ou trois nœuds de la tête ; la dégage de ses fanes, la fend au talon, en forme de croix, la laisse languir au soleil, la place le lendemain dans un verre d'eau fraîche pour la raffermir ; au bout de quelques heures, l'ouverture s'étant dilatée, il l'enfonce jusqu'au deuxième nœud dans un vase rempli de terre propre aux Flamands ; il l'humecte, il l'expose en plein nord, il l'abrite des moindres rayons du soleil.

§ 9. — Des soins à donner aux boutures.

La bouture ne supporte pas la pleine terre ; on l'arrose à propos ; vers la fin de septembre, on la rapproche du midi, où elle attend l'hiver.

§ 10. — Des marcottes de Fantaisie.

Toutes les marcottes, toutes les boutures, soit

qu'elles appartiennent aux Fantaisies, soit qu'elles émanent de Flamands, exigent les mêmes principes, réclament les mêmes soins ; nous renvoyons donc l'amateur aux divers paragraphes de ce chapitre.

CHAPITRE X.

De la terre propre aux Œillets.

Ces précautions de chaque instant fortifient bientôt les racines; dans les premiers jours d'octobre les tiges vigoureuses peuvent se passer du secours de la mère-plante; on les sépare alors; on les confie à un pot, à une terre, qui feront chacun, vu leur importance, la matière d'une étude spéciale.

Nous considérons la terre rejetée par les taupes, si elle n'est pas sablonneuse, comme la plus propre aux Flamands. On la prend dans les prairies où l'eau ne séjourne point, la choisissant de préférence jaune ou grisâtre. On la conserve un an sous un hangar; au mois d'août, après l'avoir mélangée d'un tiers de terreau vieux, on la tamise à la claie d'osier; on l'expose au midi en un tas carré, soutenu entre quatre planches et recouvert de 189 à 217 millimètres de fumier frais ou de crottin de cheval que la pluie décompose, qui communique par infiltration son suc au mélange.

Dans les localités dédaignées des taupes, malheureusement le nombre en est restreint, on emploie
avec avantage le coulin de rivière, c'est-à-dire le
limon vaseux des ruisseaux, des fossés, où l'eau s'est
amoncelée, entraînant avec elle l'engrais des champs
voisins. On soumet l'été cette vase argileuse et froide
aux ardeurs du soleil, afin de faciliter l'évaporation
des parties aqueuses; on la tourne, on la retourne
encore; on la réchauffe au moyen de poudrette
répandue en petite quantité, ou du moins de plus fine
délayée d'eau dont on l'arrose légèrement, en la re-
muant chaque semaine. On l'ameublit en avril; on la
passe par un temps sec; on l'abrite enfin dans un lieu
quelconque.

Les terres se tirent chaque année de contrées différentes, ne fussent-elles qu'une ou deux lieues plus
loin. Les plantes, en effet, trouvent ainsi des sels variés, et reçoivent, en quelque sorte, une végétation
nouvelle.

Mélangé de poudrette ou arrosé sept fois de plus
fine, à cinq jours d'intervalle, le rejet de taupe pourrait, quoique nouvellement arrivé, servir dans un
besoin urgent. On doit se garder de trop tamiser,
car, plus une terre est fine, plus ses sucs sont délicats; or ces sucs, affriandant le pied, le réduisent à

un excès de délicatesse préjudiciable ; le dégénèrent par
la suite ; d'ailleurs, soumis à un grain trop divisé, le
chevelu est infiniment plus maigre ; du chevelu dé-
pendent les racines, des racines le pivot, du pivot la
tige, de la tige les boutons, puis les fleurs, beaucoup plus petites par conséquent ; double raison de
préférer une claie médiocrement fine.

Nous ramassons précieusement le salpêtre de nos
murs pour en saupoudrer légèrement nos principaux
OEillets, qui, réchauffés tout à coup, se couvrent de
fleurs plus promptes et plus belles ; nous devons
à cet usage de merveilleux résultats ; nous ne l'im-
posons pas cependant comme une condition essen-
tielle.

Ces préparations développeraient outre mesure
l'OEillet de fantaisie. On lui donne, lorsqu'on l'em-
pote, un mélange de terre de prairie très sèche, de
terreau consommé, mariés ensemble dans la proportion de deux à un. Si la terre a été récemment ex-
traite du pré, on l'inonde de chaux vive : car la chaux,
absorbant l'humidité, divise les mottes, facilite l'é-
mission du chevelu.

Opérés en août, les mélanges sont tamisés de nouveau au commencement de janvier, et rentrés sous

un abri, où ils se dessèchent encore. Avant de s'en servir on les passe une troisième fois.

Les premiers fleuristes ont, par leurs suggestions erronées, dégoûté l'amateur de la culture de l'Œillet. A les entendre, chaque fleur réclamait une composition diverse, un soin particulier. Il n'en est rien : dans un sol généralement convenable, toutes les espèces puisent, selon la disposition de leurs organes, des sucs analogues ; et, si chaque pays a ses productions spéciales, l'expérience, guidée par la nature, peut, sans nul doute, à force de soins, les élever, les cultiver partout avec autant de succès.

CHAPITRE XI.

Du pot.

Le Flamand émet ses racines, pousse et se développe, quelle que soit sa prison. Pour la plupart des
jardiniers, sa forme est donc une affaire de goût, sans
conséquence sur la plante; mais que l'amateur compare deux fleurs données, dont l'une aura été confiée
à un pot particulier, invention de la Flandre, il sera,
certes, frappé de leur différence, et avouera au moins
que, si l'OEillet s'épanouit dans tous les vases, la
forme, les dimensions de ce vase, influent beaucoup
sur le bouton.

Après un demi-siècle d'expérience pratique, les
habitants de Lille, de Bailleul, font usage d'un pot de
217 millimètres de hauteur, portant à son extrémité
supérieure 149 millimètres de largeur, 135 à sa
base. Un rebord de 14 millimètres d'épaisseur tourne
à son sommet en saillie arrondie. A sa partie inférieure, un deuxième rebord de 14 millimètres d'é-
passeur sur 27 de hauteur fuit en s'élargissant, ce qui

donne au bas du vase la forme d'un dessous de chan-
delier , consolide son assiette et facilite l'écoulement
des eaux ; deux anses formées de chaque côté en
simplifient le transport ; le fond est percé vers son
milieu de manière à laisser un jour de 30 à 35 millimètres de circonférence. Le trou est pratiqué du de-
dans au dehors, circonstance sur laquelle on insiste
fortement près des potiers ; abandonnés, en effet, à
leur détestable routine, le pot serait ouvert suivant les
règles d'un principe opposé, et la partie interne, ren-
due ainsi convexe , formerait à sa base un petit amas
d'eau qui, à la longue , pourrirait la plante.

Il est encore préférable de fendre , sur une longueur de 14 millimètres, sur une largeur de 7 millimètres , les deux côtés inférieurs du vase. Grâce à
cette méthode, l'ouverture, ne touchant plus le sol,
s'obstrue difficilement , laisse toujours à l'eau une
fuite prompte, tellement prompte même qu'une troisième fente ne permettrait pas aux tissus d'absorber
l'humidité nécessaire à leur existence. Percé sur ses
flancs , le pot présente alors , mais seulement alors ,
un fond convexe , bombé, en d'autres termes, pour
diriger par une pente insensible la surabondance d'eau
vers les parois.

Robuste de construction, l'OEillet de fantaisie abandonne à l'amateur le choix de sa cellule..., de sa cellule, car il aime l'espace, car la pleine terre est son élément le plus propice. Destinés à parer les riches comptoirs de leurs suaves ornements, les Fantaisies sont mis dans des pots appropriés aux enveloppes de porcelaine qui les recèlent par la suite, dans des pots, par conséquent, variés à l'infini, mais proportionnés néanmoins à la force du sujet. Un jardinier de notre ville, particulièrement adonné à une branche plus intéressante et d'un produit plus certain, l'horticulture appliquée à la vie des hommes, cultive l'OEillet de fantaisie sur une très grande échelle. Les quelques pots qu'il abrite l'hiver pour en hâter la fleur ont à leur sommet un rayon de 80 millimètres sur des proportions convenables. Ses sujets sont tous vigoureux ; nous conseillons cette forme à l'amateur indécis.

Quelque vase qu'on emploie, il doit être vieux, ou du moins avoir perdu sous les grands froids le feu du four, mortel pour les OEillets. On s'assure de son ancienneté en le plongeant dans l'eau ; s'il est neuf, elle bouillonne ; elle prend une teinte livide ; s'il est vieux, elle ne reçoit aucune altération. Or, les pots reconnus neufs, un cas pressant nécessite-t-il leur emploi, avant que l'air et la mauvaise saison aient dissipé lá chaleur pernicieuse de leurs flancs , on les place six heures dans une pierre à puits remplie à pleins bords; on les laisse sécher vingt-quatre, après quoi on s'en sert en toute assurance.

CHAPITRE XII.

Des étiquettes.

Il n'entrait point dans notre intention de traiter spécialement cette matière; peut-être même eussions-nous abandonné au caprice de l'amateur le choix des étiquettes, s'il ne nous était tombé sous la main un principe étrange, que nous devons saper jusque dans ses fondements.

Gardienne vigilante de la fleur, l'étiquette, quelle qu'elle soit, est convenable lorsque sa nature la garantit des mille accidents imprévus; lorsqu'elle ne livre pas l'extrait de naissance à la merci des vents. Perdez un nom; le pot tombe dans l'obscurité, cet exil loin du soleil; dans le mépris, ce ver rongeur qui consume lentement; dans l'obscurité, dans le mépris! Vous ne le voulez pas, et, pour sauver l'objet de votre prédilection, le baptisant au hasard, vous arrachez un membre d'une grande famille; vous en formez la souche d'une branche nouvelle; vous ouvrez une mine de contestations et d'erreurs, dont l'OEillet sortira meurtri, déconsidéré, s'il en sort jamais. La consistance de la matière est donc d'abord, pour ne pas dire uniquement, prise en considération ; aussi ne pouvons-nous comprendre qu'un horticulteur distingué conseille le verre, ce mode fragile entre tous, dangereux, ennuyeux. Le jardinier heurte-t-il deux pots en les transportant, le verre se brise, le nom est perdu ; veut-il le remplacer, il lui faut un diamant, du verre, de la peinture ; s'il n'est pas vitrier, il obtient difficilement un bon résultat ; il perd beaucoup de temps, beaucoup d'argent ; il se coupe, il s'impatiente, il hésite à se lancer dans une besogne semblable ; il remet sans cesse la confection d'une nouvelle étiquette, et quand il l'entreprend, depuis long-temps le nom est au moins équivoque.

On objecte qu'il doit prévoir les cas fortuits, qu'il doit manier le verre avec précaution ! Sans doute...; mais, hélas ! l'homme vit au jour le jour ; mais lui prêcher la prudence, c'est annihiler son enthousiasme. Ainsi la plus minime observation prohibe le verre. D'un autre côté, le prix de la terre cuite rend son usage impossible ; le bois se pourrit, étend l'encre sous une grande humidité ; le mordant s'altère sur le zinc, et à la longue disparaît entièrement. Le parchemin n'offre aucune résistance aux injures du temps. Selon nous, l'ardoise seule présente un système certain, à la portée de toutes les bourses.

On achète un vieux chantier de couvreur, un vieux couteau de cuisine, remplissant l'office du marteau. Des tuiles brisées, on forme une languette, longue de 10 centimètres, large de 4, terminée en lance à sa base, en ligne droite à son sommet, sur lequel on trace avec la pointe d'un canif, d'un clou même, le nom de la plante ou son numéro, et ce nom, ce numéro, y sont, par la seule écriture, si profondément gravés, que dix années ne les détruisent pas. On pratique un trou à l'extrémité inférieure de ces ardoises; puis, les réunissant en chapelet, on les suspend lorsqu'elles ne servent plus.

Nous étiquetons nos Flamands au moyen de plomb flexible, sans l'être trop, coupé en lanières de 162 millimètres de longueur sur 23 de largeur à son sommet, mais s'amincissant insensiblement pour se terminer par 9 millimètres. Nous estampons à la partie supérieure, avec des chiffres de fer, le numéro de notre catalogue; nous enfonçons la pointe jusqu'à 132 millimètres, afin de la fixer fortement; nous recourbons enfin la tête sur le rebord du pot, le nombre en regard, vis-à-vis la tige principale. Plus dispendieux que l'ardoise, ce procédé l'emporte sur elle par la solidité et l'élégance.

On s'est demandé si l'étiquette doit porter le nom ou le numéro de la fleur. Cette question nous semble oiseuse ; peu importe le chemin, quand on arrive au but. On presse le marchand d'adopter le nom, parce que le nom lui évite de pénibles recherches. Le temps gagné d'un côté se perd de l'autre ; à chaque plante nouvelle il faut renouveler les marques. Le numéro, au contraire, sert toujours, en modifiant le catalogue. Une deuxième raison milite en faveur du chiffre. L'amateur qui possède un sujet rare lui évite ainsi une fastidieuse publicité, jouit sans concurrence d'une découverte heureuse. Du reste, numéro ou nom, le signe distinctif sera inscrit sur la largeur, de telle sorte que l'œil en prenne connaissance de loin.

CHAPITRE XIII.

Du sevrage des marcottes.

Les terres préparées, les pots choisis, on détache les cornets, s'il y en a, au commencement d'octobre; dans tous les cas, on coupe le chicot tenant au pied juste à la moitié du nœud, afin qu'il se forme autour, ayant pris racine de ce côté, un gazon l'hiver. On dégage le plus légèrement possible et avec un soin particulier le chevelu, roulé sur lui-même par la pression du plomb. Replié, en effet, il ne pourrait percer la terre; il se pourrirait bientôt. On plante la marcotte dans le mélange, dans le pot convenable à son espèce; on la garantit des coups du vent contre un tuteur très mince; on presse fortement le terreau à la superficie du vase, pour forcer les eaux pluviales, abondantes en automne, à s'écouler par le haut. D'une nature très poreuse, l'Œillet absorbe par les tissus l'humidité de l'air, qui le pénètre, qui le rafraîchit assez.

Facilitant l'hivernage, on confie au même pot

plusieurs pousses, soigneusement étiquetées : trois au vase de la Flandre, d'une largeur par conséquent de 149 millimètres; six au pot de giroflée, et ainsi de suite, proportionnant toujours le nombre de marcottes à l'ouverture du vase, de manière à laisser à chacune 50 millimètres environ. On arrose les jeunes plants avec la seringue à Camellia; on les place douze jours en plein nord; ensuite au midi, où elles attendent les gelées.

Lorsque nos sujets d'élite produisent de nombreux rejetons, nous en confions la moitié à la terre; grâce à cette coutume, un événement fortuit ne nous prive jamais tout à coup d'une fleur précieuse. Un autre avantage résulte encore de ce système, puisque les belles espèces donnent toutes en pleine terre une graine infaillible.

Tenant moins à nos Fantaisies, nous les isolons dans des vases d'un rayon de 50 millimètres, vases sujets à la casse, mais faciles à hiverner. Nous les intercalons parmi nos grands pots, et parons d'ailleurs à tout accident par deux marcottes semblables.

CHAPITRE XIV.

De l'hivernage des Œillets.

Les premières gelées, loin de nuire à l'OEillet, le préparent insensiblement aux grands froids : on se garde donc bien de l'hiverner trop tôt. Quand le vent du nord souffle avec violence ; quand la neige couvre le sol de son blanc manteau, on l'abrite au rez-de-chaussée, dans un endroit sec et aéré, où il ne gèle pas, sans cependant faire de feu, car le feu a une action mortelle sur les tissus cellulaires de la plante. On protége cette serre contre les frimas les plus intenses par de doubles fenêtres, ou, mieux, par des paillassons superposés sur toutes les ouvertures. Si, en le rentrant, la terre du pot est déjà prise, on l'humecte de suite ; enfin, et c'est le point essentiel, on renouvelle fréquemment l'air, même par un froid de deux, de trois degrés. Trop concentré, en effet, la fleur s'effile, devient délicate, meurt bien souvent, lorsqu'en mars on la livre aux variations de l'atmosphère.

Un auteur conseille de laisser, pendant la mauvaise saison, l'OEillet de fantaisie en pleine terre. Bon sous des climats réguliers, ce mode tuerait le pied sous les nôtres, où la chaleur, et le froid se succèdent rapidement. Gelés le matin, ses pores se dilateraient aux rayons brûlants des premiers beaux jours; puis, la terre se couvrant de neige, ses fibres se crisperaient tout à coup, et la pauvre fleur, épuisée par tant de commotions si brusques, périrait infailliblement. L'amateur, trop restreint dans sa demeure pour abriter tous ses pots, doit au moins les déposer au nord, sous un hangar, fermé d'une simple toile.

En 1841 nous avions hiverné ainsi notre collection. L'hiver fut rigoureux, le sol pris parfois à 108 millimètres de profondeur. Nos OEillets, disait-on, étaient perdus; jamais nos fleurs n'ont été plus robustes et plus belles; circonstance facile à comprendre : n'ayant pas été rentrées, elles n'ont pas souffert d'un changement subit de température. D'où nous concluons que l'OEillet demande, avant tout, un climat uniforme, quel que soit d'ailleurs ce climat, et que l'observation minutieuse de ce principe permettrait à chaque pays de rivaliser avec la Flandre dans cette culture.

En serre, les plantes sont médiocrement arrosées,
sans humecter les fanes, car l'humidité les pourrit;
en pleine terre ou sous un hangar, elles ne le sont
jamais.

CHAPITRE XV.

Du rempotage.

Vers le 10 avril, qu'il gèle ou non, on procède au rempotage ; opération importante, dont dépend le succès de la culture. Et d'abord, la terre, préparée comme il a été dit au chapitre X, ne sera ni trop humide ni trop sèche ; ce dernier excès de préférence encore : une grande humidité occasionne le blanc à l'OEillet, colle ses racines, le pourrit d'ordinaire, si l'on n'y porte un prompt remède.

Le pot sera vieux, ou, du moins, aura perdu son feu par le procédé de la pierre à puits. L'ouverture du fond ou les deux ouvertures de côté seront garnies d'écailles d'huîtres, puis chargées d'un tiers de pur crottin de cheval, qui, en se décomposant, échauffe le pied, tamise les eaux, et facilite leur écoulement. Le vase enfin sera rempli avec le mélange, légèrement affaissé.

Avant de dépoter la marcotte, on la dégage de toutes les fanes flétries ; on la tient, pourvu qu'elle n'en souffre pas, le plus sèchement possible, afin de la détacher sans peine, ce qui s'exécute d'ordinaire en prenant de la main droite le fond du vase, entièrement soutenu de la gauche, dont les doigts élargis sont passés à travers les jeunes pousses renversées.

Emises dans tous les sens, les racines de la plante ont aggloméré la terre en masse compacte, en gazon. Le pot enlevé, on pose la motte debout sur le sol ; on en coupe le pourtour, au moyen d'un couteau à lame très fine, très large et très tranchante ; on la divise en son milieu, puis chaque moitié, en autant de petites mottes carrées qu'elle contient de marcottes, s'efforçant surtout d'épargner les racines, dans la crainte de leur occasionner, par une blessure profonde, une pourriture presque certaine ; de conserver, nous insistons sur ce point, le nouveau chevelu, qui pique blanc au retour du printemps : car sa perte retarde, altère, mine cette jeune tige, en l'obligeant à de nouvelles pousses.

Les vases remplis, les marcottes séparées, on ôte d'abord un volume de terre proportionné au gazon du sujet, gazon que l'on recouvre de 27 millimètres environ, mais pas plus : trop enfoncé, le pivot se pourrit encore. On entasse le terreau au ferme, sans cependant offenser le pied.

Nous avons mis souvent en parallèle un OEillet tenu à l'aise avec un autre légèrement serré. Celui-ci était robuste, portait gracieusement sa tête ; ses fleurs, nourries par des fibres plus fortes, s'étalaient plus belles, plus larges, plus durables. Celui-là semblait accablé sous le poids de sa tige délicate, et ses corolles ternies duraient à peine huit jours. Nous appuierons cette observation d'un fait palpable. Que l'on compare les fleurs de deux OEillets identiques, mais dont l'un s'épanouit en pleine terre : les moins larges seront toujours cueillies sur ce dernier.

Placé au milieu du pot, assujetti par un tuteur provisoire de 215 millimètres de longueur sur 15 à 20 de circonférence, on arrose légèrement le nouveau-né ; ou, mieux, on l'expose quelques heures, si le temps le permet, à une pluie douce, bienfaisante ; après quoi la terre est disposée en talus, dont le centre, d'une élévation de 12 millimètres, vient mourir par une pente insensible sur les rebords du vase, garanti dans l'orangerie, les douze premiers jours du rempotage, et du soleil et des gelées.

Les espèces aux nœuds multipliés sont plantées à 15 millimètres de profondeur seulement ; mais chaque mois, l'été surtout, on répand dessus 2 millimètres de nouvelle terre, pour protéger les racines des impressions de la température ; on se garde enfin de couvrir, suivant la détestable coutume de certains jardiniers entêtés, le pied de la fleur d'un terreau plus ou moins vieux, qui, sautant par l'action des pluies d'orage entre les fanes et le pédoncule, lui donne le chancre.

Par une bizarrerie étrange, l'OEillet de fantaisie, contrairement au Flamand, se développe mieux en pleine terre. On le place donc de préférence dans des plates-bandes fécondées de terreau consommé, rendues très meubles par des maniments successifs. Alors seulement, en effet, s'échappent de sa base touffue ces myriades de fleurs au port élégant, aux nervures foncées, dont les corolles, se communiquant leurs vertus particulières, amènent infailliblement de nouvelles variétés. Une main habile peut toujours, peut partout transplanter le Fantaisie ; tout porte, par conséquent, à le cultiver en pleine terre. Néanmoins, si le goût ou la nécessité l'emprisonnent, on suit pour le rempotage les règles établies à l'égard du Flamand ; ayant soin, lorsque le chevelu adhère avec ténacité aux parois du vase, de le dégager, en glissant autour une spatule très mince.

CHAPITRE XVI.

De l'emballage des Œillets.

Détournés lors du rempotage, les plants promis aux amateurs lointains souffrent plus ou moins de la route, suivant le mode d'expédition. Nous appelons donc sur ce chapitre toute l'attention des marchands.

On fixe la tige de la marcotte, coupée carrément, par un petit bâton, proportionné à sa force, marié avec elle, en bas et en haut, au moyen d'une ligature légère de laiche ou de fil. La motte est enveloppée de mousse fraîche, c'est-à-dire, nouvellement cueillie, et recouverte de papier fort, assujetti au cou de la plante par un plomb flexible, portant son numéro d'ordre. On place le tout dans une caisse de bois plus longue que large, de 53 sur 32 centimètres environ, en supposant les rejetons eux-mêmes hauts de 25 à 30 centimètres, terme moyen d'un sujet de choix, de bonne provenance. On pose au fond de la boîte un lit de mousse sèche, puis les OEillets, serrés ensemble, le pied contre les parois, les têtes se regardant ou se croisant. Ainsi arrangées, les marcottes sont cou-

vertes d'un deuxième lit, semblable dans sa disposition, et caché sous un troisième, surchargé encore
d'un quatrième, d'un cinquième, d'un sixième parfois, suivant la hauteur de la boîte. On remplit les
vides d'une mousse sèche : car la mousse humide,
communiquant sa fraîcheur aux fanes, les jaunit,
quelle que soit la distance ; les pourrit, les tue, lorsqu'elle est longue, très longue. On presse fortement
les racines, pour ne laisser entre elles aucun jour ;
on donne de l'air aux plantes, en perçant le couvercle d'une triple rangée de trous de 10 à 20 millimètres ; enfin, la caisse clouée avec précaution, on
indique le haut par un signe visible, de telle sorte
que les facteurs des messageries, peu soigneux d'ordinaire, mettent la boîte sur son plat, non sur ses
côtés ou debout, ce qui serait pis encore : les fleurs
du haut, en effet, quoique bien emballées, seraien
alors entraînées, par les secousses de la voiture, vers
celles du bas, et de ce mélange forcé résulterait une
dépréciation complète.

Pour l'étranger, on remplace avec avantage la
mousse et la paille par la sciure de bois ; procédé fort
simple, qui a eu de nos jours un long retentissement
sous la plume éloquente d'un écrivain distingué. M.
Pàquet écrit, dans le *Journal d'Horticulture prati-*

que, qu'il a conservé ainsi, près de deux mois, des plantes de serre chaude d'un tissu délicat, d'un feuillage fragile, et que l'expérience, plusieurs fois répétée, a toujours réussi.

La marcotte est disposée de même dans la mousse, dans la sciure de bois. Si l'on expédie une mère plante, on amincit sa motte le plus possible, on la protége par un bâton convenable; — on suit du reste ponctuellement les prescriptions relatives à la marcotte.

Avril, époque du rempotage, est par cela même l'époque des envois; néanmoins l'OEillet voyage en toute saison. Reçu en hiver ou par les derniers froids, s'il a dans le trajet supporté quelques gelées, on ouvre la caisse; puis, enlevant la première couche de mousse ou de sciure, on la descend à la cave; vingt-quatre heures après, on dégage adroitement le pied de son enveloppe; on le plante, comme nous l'avons dit plus haut.

Mis hors de combat le 21 mai 1813, nous fûmes évacué sur Luben et logé chez un vénérable ministre, grand amateur du Flamand. Ses soins généreux établirent bientôt entre nous une étroite amitié; bientôt il nous en donna l'irrécusable preuve, en nous initiant aux secrets de sa culture, dans laquelle nous trouvions nous-même un charme inconnu. Nous oubliions ainsi le temps, mais le temps s'écoulait rapide ; Napoléon s'avançait à pas de géant, comme s'il eût voulu par son audace enchaîner à l'horizon son étoile chancelante. C'était notre famille à nous, pauvres orphelins, dont les parents avaient expié sur l'échafaud leur dévouement à la France ; il avait besoin de ses enfants : ses enfants meurtris accouraient à sa voix, fascinés, entraînés par un pouvoir invincible. A peine convalescent, nous avions quitté le pasteur de la Basse-Lusace ; nous lui avions promis de le revoir un jour. Champ-Aubert, Montmirail, Toulouse, nous firent oublier notre promesse, et, quand vint la journée du 31 mars 1814, quand les destins de la patrie furent livrés au hasard, notre orgueil saignait trop douloureusement pour visiter l'Allemagne. Nous ne songions donc plus à l'horticulteur de Luben, au compatissant Wenzel de Scheukendorf, lorsqu'une lettre de lui impressionna doucement notre mémoire paresseuse. L'ouvrage du blessé de Bautzen l'avait convaincu de son existence ; il lui envoyait gracieusement ses Giroflées (OEillets) d'élite, avec un mot plus gracieux encore, dont nous traduisons littéralement le passage suivant :

« J'ai emballé, nous disait-il, les boutures dans une

mousse humide, non mouillée toutefois : car, dans ce dernier cas, elles auraient été amollies en vous parvenant ; si, malgré tout, elles se trouvaient fanées, il faudrait les retirer de la caisse, sans défaire la mousse ; les arroser d'eau tiède, les laisser vingt heures dans cet état ; puis, les pointes des racines ayant été taillées pour ouvrir les pores, les planter en pots. Vous les tiendrez à l'ombre pendant huit jours, et j'espère qu'elles reviendront. »

Malheureusement la douane, en sondant les flancs de la boîte, avait cassé, perdu ces OEillets ; la motte, remuée sans cesse, était pulvérisée ; ou, si par hasard elle se présentait intacte, c'était un monceau de terre inutile ; depuis long-temps déjà la tige avait disparu. Nous n'avons donc pas éprouvé la méthode du bon ministre ; nous la transcrivons pourtant. Venue d'un homme instruit, d'un observateur passionné de la nature, elle peut, dans l'occasion, être fort utile à l'horticulteur embarrassé.

CHAPITRE XVII.

Du mode d'attacher l'Œillet.

Entrée en végétation, la marcotte demande des soins minutieux et journaliers : c'est la propreté, c'est l'attache de sa pousse flexible ; attache si longue, si pénible, suivant l'ancien mode. Assujetti au moyen de fil, de jonc ou de soie, plus l'Œillet se fortifie, s'élance, plus il réclame de nombreux liens, sans cesse renouvelés, ou du moins, desserrés : autrement la plante, arrêtée à son point d'appui, prend une mauvaise tenue, se cambre ; si l'horticulteur tarde quarante-huit heures à la détacher, la partie cambrée forme l'arc tendu, et, se durcissant, casse sous la main qui la redresse ; alors l'espoir de la fleur, ce juste dédommagement de tant de peines, est à jamais perdu.

Cherchant, loin des sentiers frayés, une route plus sûre, nous avons vaincu toutes les difficultés par un procédé nouveau, auquel les amateurs, dans leur reconnaissance, ont bien voulu donner notre nom.

En plantant la jeune pousse, on introduit à sa base sept anneaux d'un rayon de dix millimètres, dans lesquels on passe, quand vient le mois de mai, un tuteur droit, lisse et mince. La première bague, superposée sur les aisselles des premières feuilles de la première phalange, lie le pied au tuteur, reste inamovible ; les six autres, l'OEillet se développant, sont glissées de nœud en nœud jusqu'au sommet de la tige, mais toujours placées sur les fanes, qui les retiennent à des distances de 160 à 190 millimètres ; ceci fait, on ne s'occupe plus du pot : car l'attache, obéissant à l'impulsion, s'élève sur le tuteur avec la marche ascendante de la plante.

Par l'ancienne méthode, le jardinier diligent fixe avec beaucoup de peine cinq cents OEillets dans sa journée ; par la nouvelle, l'horticulteur consolide, dans sa promenade matinale, tous ses sujets, quel qu'en soit le nombre. La botte de jonc coûte dix centimes et sert une fois ; en détail, le cent d'anneaux, de cuivre ou de chrysocale, se vend cinquante centimes, sept centimes de fer battu soudé, et ils ne s'usent pas, ou du moins presque pas. Notre procédé offre donc économie de temps, économie d'argent, surtout lorsqu'on prend en gros ces bagues, si bon marché déjà au détail. Coûtant moins cher que le jonc, il est peu sage de les façonner soi-même ; nous en fournissons pourtant le moyen, pour approprier ce mode d'attache à toutes les classes, à tous les lieux.

On noue autour d'un morceau de bois dur et lisse, ou plutôt, d'une tringle de fer de 60 à 70 millimètres de circonférence, un fil de laiton, coupé sur sa jointure ; puis, entraînant l'anneau vers l'une des extrémités du moule, on le couvre ainsi de mailles pressées, que l'on enlève pour recommencer encore.

Si le pivot de l'OEillet se fortifie au point d'être serré dans la bague, on glisse entre le fer et le pédoncule, une bande de carte qui le défend d'une blessure, d'où résulterait un chancre sans remède ; s'il y est comprimé, on fend le lien avec des cisailles ; on l'élargit ; on le remplace de préférence par un plus large, mais également fendu et passé à l'endroit même, en le forçant. Ce dernier point est indispensable, quand on adapte notre procédé à des mères-plantes.

Tous les amateurs de l'OEillet ont trouvé dans cette méthode un avantage immense, considéré sous le rapport soit de l'économie, soit de l'élégance, puisque la tige, libre dans sa végétation, s'élève plus gracieuse ; tous nous ont adressé de bienveillants éloges. Les Sociétés d'horticulture de France et de l'étranger se sont empressées d'en faire mention, de l'adopter ;

Bruxelles enfin, reconnaissante du nouvel essor, donné au Flamand par cette attache, qui dégage sa culture des soins incessants et ennuyeux, a daigné, unanime dans son vote, nous nommer son membre correspondant; douce récompense des pénibles recherches où nous entraîne sans cesse le désir d'être utile.

CHAPITRE XVIII.

Conduite des Œillets du rempotage à la floraison.

§ 1. — Avril.

Le rempotage opéré vers le 12, on rentre les pots dans un endroit quelconque, à l'ombre, à l'abri des gelées ou des hâles du mois ; quinze jours après, on les expose au soleil, en dépit du sot préjugé qui prédit une mort certaine à l'Œillet soumis aux premiers rayons du printemps ; on l'arrose de plus fine.

Lorsque, pendant les frimas, on ne l'a pas tenu trop mollement, les derniers froids, arrêtant la sève, agissent favorablement sur son organisation, et l'empêchent d'émettre un dard rapide, mais effilé, dont la fleur serait petite, sans durée.

Portées au grand air, les plantes sont disposées sur des gradins, exposés eux-mêmes au midi, et garantis par un mur des vents du nord et de la bise, si pernicieux à l'Œillet. A défaut d'abris naturels (nous dé-

8.

signons ainsi les hautes murailles, les massifs élevés d'arbres résineux, de Thuias, de Mélèzes, par exemple), on en forme d'artificiels, au moyen de paillassons, mariés par d'indissolubles liens à des piquets, profondément implantés; paillassons dépassant d'un mètre l'extrémité de la tige, mais disgracieux, si on les compare aux constructions hardies, au feuillage épais des grands arbres enlacés.

On visite souvent le pédoncule; on le dégage des feuilles mortes ou fanées, opération nécessaire en toute saison. En effet, lorsque le pied s'en dispense, l'intérêt, la gloire de l'horticulteur, la réclament : l'intérêt, car la propreté influe beaucoup sur le règne végétal ; la gloire, car chacun admire la tenue de sa collection.

On supprime les petites marcottes nouées; les *gros-culs*, selon l'expression des fleuristes, qui, croissant au pied, tournent en mousse, dégénèrent en chancre, traversent le pivot, le tuent, quand on tarde à les extirper. On arrose avec modération et seulement dans les fortes chaleurs, puisque l'humidité de l'air, absorbée par les pores de la fleur, suffit d'ordinaire à son existence.

Les OEillets, toutes les plantes en sont là, n'absorbent pas également l'eau répandue à leur surface ; le jardinier doit donc les visiter, les arroser avec discernement. Si quelques sujets languissent sous les atteintes du blanc, de la pourriture; s'ils se crispent sous les progrès de la gale, on les rentre en serre; on les tient au sec quinze jours durant; comme moyen extrême, on retranche le maître dard ; on les met en parc, avec leurs mottes, sur une couche usée. Souvent ils se raniment, ils donnent de faibles boutons; plus souvent ils s'éteignent peu à peu, et cette perte, quoique pénible, ne surprend pas le jardinier. Les plantes, il le sait, sont soumises à toutes les infirmités de l'humaine nature : la fleur à peine éclose; la fleur, si belle ce soir de grâce, de beauté, demain peut-être sera morte, minée dans son principe par un pouvoir inconnu...., morte ! et l'horticulteur l'arrache, insouciant et tranquille ; pour lui, la fleur succède à la fleur, comme le jour succède à la nuit; perdant l'une, il attend l'autre, sans s'inquiéter s'il la verra jamais.

Ah ! combien de fois, scrutant cette indifférence, notre esprit ne s'est-il pas égaré dans des méditations profondes ! Combien de fois n'avons-nous pas cherché la valeur de ce mot : *Néant !* Combien de fois enfin notre âme, réunissant ses forces dans un suprême effort, n'est-elle pas, quand elle s'élevait jusqu'à Dieu, retombée anéantie devant ce symbole éternel de l'éternelle éternité !... Eternité ! mer sans rivage, qui nous entoure de ses orbes, de plus en plus restreints...; qui nous engloutira demain, peut-être, et à laquelle, pourtant, nous ne songeons pas !

§ 2. — Mai.

Le soleil s'élève à l'horizon; la tige étend au loin ses pousses flexibles; on se hâte de les protéger par un tuteur définitif, droit, sans nœud.

Quelques amateurs, pour plus de durée, emploient une baguette de fer très mince. Cette baguette s'oxyde, pourrit le chevelu; balancée par les vents, son extrémité inférieure contrarie la plante dans son oscillation continuelle, la déracine à la longue : car le fer, n'ayant aucune souplesse, ne peut, même enté sur bois, rester en équilibre. On prend donc de préférence l'osier, le drouet, le noisetier, la puème blanche; essences lisses, flexibles, droites, qui, peintes en vert, présentent un soutien économique, d'un bel effet sur la tige. On effile l'un de ses bouts; on le passe dans les anneaux, dans la cavité formée par le tuteur provisoire; de peur de blesser les racines, on l'enfonce jusqu'au fond du pot, en le tournant avec précaution entre ses doigts; la terre affaissée le consolide ; et, s'attachant au bois, l'identifie à sa masse. Le support aura de 50 à 55 millimètres de circonférence à sa base, puis s'amincira insensiblement, pour laisser moins de prise à la tourmente.

Vers le quinze on pratique le deuxième et dernier arrosement de plus fine.

Le nombre des fleurs se proportionne à la force de l'individu : on retranche l'excédant des boutons, sans quoi la plante énervée offre une corolle pâle, languissante. On préfère trois beaux boutons à sept ou huit médiocres ; parfois même on n'en laisse qu'un seul, afin d'obtenir un développement complet. Dans tous les cas, on procède ainsi :

Du maître-bouton sont extirpés les petits, qui l'environnent ; à la première aisselle, on isole encore un calice de chaque côté ; on coupe le reste sans merci ; renouvelant l'opération sur chaque marcotte, on conserve toujours deux nœuds d'intervalle de la première à la seconde fleur. Celle-là est la plus large, la plus brillante ; celle-ci rachète souvent l'infériorité de sa taille par la perfection de ses formes.

Certains OEillets sont d'une constitution tellement robuste, que la plupart de leurs marcottes menacent de s'emporter ; si le sujet est précieux, on le dépote, on enlève la terre du gazon ; on brise les pousses secondaires; on retranche la moitié des racines; on plante de nouveau la tige principale. Ainsi opérée, elle se couvrira, sans doute, d'une parure moins belle, mais l'espèce sera sauvée. Si la plante indomptée est commune, ou, du moins, nombreuse dans la collection, on profite des fleurs en cassant au troisième nœud, près du corps, les rejetons hâtifs; le pied alors étale plus gracieusement ses corolles pourprées.

Par un excès contraire, quelques pots restent dans l'inaction : d'où provient cette inaction? on l'ignore; mais, par un remède opposé, on comprime la sève en coupant, vers la fin de mai, leur faible dard au nœud même, à partir de la marcotte; on l'arrose d'un mélange de plus fine et d'eau; puis le pivot, se fortifiant à sa base, émet de nombreuses branches qui, dans leur croissance rapide, dépassent bientôt les marcottes les plus fortes des OEillets les plus vigoureux, qui fleurissent même parfois à l'arrière-saison.

L'horticulture, dans sa sagesse, a tiré profit de cette circonstance. Des jardiniers marcottent aujourd'hui leurs OEillets à des intervalles de quinze, vingt, trente jours, et possèdent la fleur à une époque où déjà elle n'existe plus.

§ 3. — Juin.

Quand le bouton grossit, quand le calice fendu laisse entrevoir ses couleurs, l'expérience aide la nature, pour parvenir de concert à un résultat complet. L'amateur suit attentivement la plante; il entoure le bouton d'une lanière de 60 millimètres de longueur sur 10 de largeur, et formée d'une vessie de veau préparée; il la trempe long-temps dans l'eau; il l'applique humide sur le péricarpe, auquel elle adhère, comme le taffetas gommé à la peau.

Sous un ciel orageux ou chargé de brouillards, les pistils se dilatent, crèvent leur enveloppe, fournissent des armes au dédain. Le reproche fondé sur ce fait n'est ni juste ni raisonnable. Il n'est pas juste : car cet accident, conséquence de l'atmosphère, est rare, très rare. Il n'est pas raisonnable : car on le prévient en incisant le bouton dans la jointure des folioles au moyen d'un canif effilé; d'un canif, et non d'une épingle, comme nous l'avions d'abord écrit. L'épingle, en effet, la pratique nous l'a démontré, déchire les pétales, marque son passage.

Les Allemands, qui cultivent l'ancien Œillet dit à *Carte* ou *Crevart*, coupent avec des ciseaux la partie supérieure de l'enveloppe; mais ce mode, particulier à une espèce, ne convient pas au Flamand.

Nous voudrions faire appliquer au Fantaisie toutes les prescriptions de cet article; nous ne l'obtiendrons probablement jamais. L'usage, enté cette fois sur l'intérêt, nous repousse avec des armes trop puissantes. Conseillez donc au jardinier de sacrifier quelques boutons, quand ces boutons augmentent son bénéfice....; son bénéfice, mot qui les renferme tous; raison contre laquelle nous n'essaierons pas un stérile effort. Nous écrivons, en effet, pour l'amateur surtout, et le véritable amateur ne peut invoquer un semblable prétexte.

§ 4. — Juillet.

En général, on place à l'ombre l'OEillet qui s'épanouit, dans l'espoir de prolonger ainsi son existence. C'est une erreur grossière. Venues à l'ombre, les corolles n'ont ni l'éclat ni la durée ordinaire; il faut, par conséquent, n'en déplaise à la routine, l'exposer, au commencement de ce mois, à l'action du soleil; seulement, si la température est très élevée, on l'abrite sous une toile humide, dont les imperceptibles mailles, tamisant les rayons, conservent aux plantes leur vigueur.

CHAPITRE XIX.

Du théâtre.

On appelle théâtre ou buffet, en terme d'horticulture, le gradin sur lequel on offre les fleurs nouvelles écloses aux regards des amateurs, des curieux. Il doit être isolé, fuir sur quatre étages, placés à l'occident contre une muraille, sans toutefois l'effleurer. Une toile légère, tendue sur deux bras de bois, se déroule à son sommet et ajoute à la beauté de la tige, qu'elle encadre dans ses plis moelleux. Abandonnée au goût, cette tenture revêt diverses formes. Tantôt c'est un toit d'une étoffe blanche, aux raies bleues longitudinales, dont le contour se ploie, se déploie sous une bordure rouge en replis capricieux, puis s'enlace aux extrémités dans des glands de plomb, qui l'assujettissent fortement ; parfois c'est une tente coquette, aux rideaux soulevés ; quelquefois même c'est un espace fermé sur trois côtés et protégé vers son ouverture par un grillage, laissant pénétrer l'œil, mais l'œil seulement, dans ce sanctuaire impénétrable. Dans tous les cas, le pot est en sûreté, est inaccessible aux insectes, ses ennemis acharnés, dont on évite les perfides attaques en plaçant les pieds du gradin dans des cuvettes ou de petits baquets toujours pleins d'eau.

Ces temples de la nature sont ordinairement surmontés de quelques inscriptions.

Ici, c'est une invocation à la déesse :

Flore, fixe en ces lieux ton autel et ton trône ;
Nous viendrons tous les jours, en zélés courtisans,
Déposer à tes pieds une riche couronne,
Que nous composerons de tes plus beaux présents !

Plus loin, c'est un hommage aux dames :

L'OEillet par sa fraîcheur vient enchanter vos yeux,
Et vous, sexe charmant, vous enchantez ces lieux.

Presque partout, c'est un avis aux spectateurs :

On doit toucher les fleurs, dit un proverbe ancien,
Toujours avec les yeux, jamais avec la main.

Triomphe de l'horticulteur, sa récompense, sa richesse, le théâtre doit être composé avec soin. La fleur de l'élu sera parfaitement éclose ; son bouton d'une bonne conformation ; sa tenue élégante ; ses nuances vives et pures ; ses pétales arrondis, ou du moins, pour l'OEillet de fantaisie, d'un dessin régulier, harmonieux. Le Roi élèvera majestueusement ses corolles larges et belles, épanouies, malgré l'atmosphère, sans le secours de l'art. Le véritable amateur ne tient pas au nombre ; il veut du beau, du très beau. Il supprime les fanes flétries ; il effile, en les coupant de chaque côté, avec des ciseaux, celles, qu'un accident a brisées ; il nettoie les pots ; il égalise la terre, qu'il recouvre d'une mousse choisie ; il fait valoir les teintes par un heureux mélange des couleurs ; il va, il vient ; il touche et retouche encore ; il farde la nature en un mot.

Sa peine est grande ; mais quelle jouissance quand son œil embrasse ce merveilleux ensemble ! Quelle gloire, lorsque l'étranger ravi hésite dans son choix ! Quel dédommagement, quel bonheur, quand la foule empressée proclame au loin sa supériorité !..... Oh ! alors il oublie ses soins ; il oublie ses efforts : il est vraiment heureux !

L'art contribuant beaucoup à l'effet, nous avons cherché à voiler le vase disgracieux ; le résultat a dépassé nos espérances. Nous formons, au moyen d'une planche, adaptée à chaque étage du gradin, une auge de la hauteur des pots, préservés ainsi des cas fortuits. Cette auge est remplie de mousse humide qui, serrée entre les vases et coquettement disposée à leur sommet, communique aux racines une douce, une vivifiante fraîcheur; peint en vert, le bois disparaît sous les tiges de la plante; la terre est cachée dans les ondulations de la mousse, dont s'échappe de temps à autre le pédoncule élancé. L'illusion est complète : c'est un tapis de verdure, aux festons émaillés; c'est le buffet magique qui nous donne, l'hiver, les richesses du printemps.

Ce gradin à auge, nous l'avons ainsi nommé, présente, par devant, une surface pleine; par derrière, et pour plus grande économie, une claire-voie de tringles qui maintiennent les vases et permettent à l'air de circuler. Il peut s'adapter à toutes les fleurs; au Géranium surtout, dont il centuple le prix. Nous le recommandons vivement.

CHAPITRE XX.

Des Œillets de semence.

Plus les jours, dans leur succession rapide, décolorent l'OEillet, naguère encore si brillant, plus l'horticulteur doit l'entourer de soins. La graine succède aux corolles; et cette graine, cette source d'inépuisables richesses, un instant, un seul instant d'oubli, la perd sans retour.

Si la génération des plantes offre à notre esprit un mystère incompréhensible; si Dieu s'y révèle dans toute sa splendeur, égare notre intelligence bornée au milieu des émanations de sa sagesse infinie, nous connaissons au moins le mécanisme, qui s'opère à nos yeux; nous en devons suivre la marche, pour modeler sur elle notre conduite.

Les plantes, en général, sont pourvues de pétales, de fleurs, d'étamines, de pistils. L'OEillet est complet et hermaphrodite. Quelques uns, parmi les Fantaisies surtout, portent un stigmate tellement long, tellement effilé en forme de corne, qu'il surpasse les fleurons. Ce stigmate, réputé autrefois titre de réprobation, était coupé comme tel, lorsque, la fleur se trouvant précieuse, on voulait la mettre au théâtre, en tirer un bon prix. Ce préjugé est tombé de nos jours. En effet, organe extérieur, essentiel même, de la génération, puisqu'il reçoit le pollen du sommet des étamines, pour le transmettre par le style dans l'intérieur du germe et féconder les semences, si on le supprime, on rend la reproduction impossible; on comble à tout jamais une mine abondante.

§ 1. — Des Œillets qui portent graine.

Dépourvus pour la plupart de stigmate, les Flamands ne guident pas le choix de l'amateur, et l'amateur trop souvent s'épuise contre une nature rebelle. Ce guide, nous l'avons cherché; nous avons fait une étude spéciale des individus du genre; si nous n'avons pas trouvé un indice général, nous nommons au moins ceux qui presque toujours portent graine, ceux que l'on doit particulièrement soigner.

Ce sont, d'abord et surtout, les trois pourpres

Philippe,

De Belmas,

Léonidas Ocelle;

Les trois marrons

De Coussemaker,

Icelus,

Baïlde ;

Puis, en déclinant, mais néanmoins dans leur ordre de mérite, les quatre feux

Mutten,

Loridan,

Martin ,

Schiller;

Le bizarre feu. . Goëthe ;

Le cramoisi cerise Arius;

Le violet. . . . . Olinde ;

Le rose.. . . . . . Orphée;

Les trois bizarres roses

Sœur Isabelle ,

De Coussemaker,

Reine de Chypre.

L'OEillet stérile est-il d'une beauté remarquable, l'art modifie son organisation. Parfois, en effet, sa stérilité tient à ses pétales nombreux, qui, recouvrant les pistils d'un manteau épais, les empêchent de recevoir la poussière fécondante des étamines. On laisse, comme premier remède, sept ou huit boutons, douze ou quinze ensuite ; on frappe enfin le grand coup en plaçant le pied, lors du rempotage, dans une terre maigre. Lorsque ces moyens énergiques domptent la vigueur de la fleur, elle donne infailliblement de la graine l'année suivante.

Les Fantaisies produisent tous de la semence et beaucoup; nous engageons toutefois à récolter les sujets d'élite seulement, de peur d'augmenter le nombre, déjà si considérable, des médiocrités.

§ 2. — Soins des Œillets de graine.

Réclamant la même exposition, l'Œillet de graine n'entre jamais au théâtre, n'est jamais renfermé dans un appartement. On le place au midi, contre un mur, sous une toiture mobile de planches ou de paillassons qu'on abat pendant la pluie, qu'on enlève dans les beaux jours. On l'arrose tous les soirs, sans aucune interruption ; nous appuyons sur ce point, car un seul intervalle annihile la semence.

Les perce-oreilles et les pucerons noirs, rongeant les vaisseaux ombilicaux, conducteurs de la nourriture, font souvent avorter la gousse à l'époque de sa maturité. On se garantit de leurs attaques, soit en plaçant les Œillets sur des gradins dont les pieds reposent dans des vases remplis d'eau, soit au moyen des cornets de mouton.

La capsule devenue brune, le calice jaune, il est

prudent, lorsque les pluies sont trop abondantes, de trancher jusqu'à son niveau les pistils qui la dépassent, qui conduisent au cœur l'humidité ; par dessus tout, le jardinier éloigne son parc des Fantaisies, si funestes au Flamand par la transmission du pollen.

§ 3. — De la récolte de la graine.

Quand le pistil grossit, s'allonge ; lorsqu'il prend la forme d'un haricot nain, on est à peu près sûr d'une bonne récolte, dont l'époque varie du 15 septembre au 15 octobre. Plusieurs indices témoignent de la maturité de la graine. On ouvre légèrement avec une épingle la superficie de la gousse ; s'il en sort de l'eau, la semence est noire et mûre ; si elle est jaune, il faut encore attendre.

On coupe à son pied la tige nourricière ; on fait un seul paquet de tous les pédoncules de la même plante ; on le place dans un sac, portant son origine, sa nature, le millésime de l'année ; on l'expose de dix à quatre heures en plein soleil ; on le rentre sur le soir.

§ 4. — De la conservation de la graine.

La capsule asséchée, on pend en lieu sec et sûr les sacs étiquetés ; on les enferme avec la minutie de l'avare ; on ne les ouvre qu'à l'époque des semences, car la graine, cachée par la nature sous une enveloppe conservatrice, doit y rester jusqu'au dernier moment.

Nous engageons l'amateur à semer l'avant-dernière récolte ; la dernière, n'ayant pas atteint toute sa perfection, laisse beaucoup plus à désirer. L'expérience est facile : qu'on récolte un OEillet, Belmas par exemple ; qu'on confie à la terre la moitié de sa graine en mai, l'autre moitié l'année suivante ; que l'on compare scrupuleusement les gains, on comprendra notre conseil. Ce mode, d'ailleurs, offre un second avantage non moins important : si une récolte manque, malheureusement la chose est fréquente, on a le temps d'y remédier ; on ne perd pas une pousse par la négligence du marchand ; on est plus tranquille, et dans ce monde hélas ! nous avons trop de mortelles angoisses, pour vouloir encore les augmenter !...

CHAPITRE XXI.

De la dégénérescence de l'Œillet.

Peu de personnes se sont inquiétées d'approfondir les causes physiques de la dégénérescence de l'OEillet : pourquoi cette fleur du premier, du second ordre subit, seule des métamorphoses si promptes? pourquoi le blanc s'altère? Pourquoi, les bizarres présentant deux couleurs, les panachés n'en ont-ils qu'une?

Les phénomènes de la nature sont impénétrables; souvent déjà nous nous sommes incliné devant elle; mais il faut, au moins, en chercher le principe par des déductions rigoureuses, et, pour ne parler que de l'OEillet, se rendre compte des motifs, qui parfois le transforment tout à coup. Ces motifs nous les avons étudiés, en soumettant le même sujet à différentes cultures; il y en a quatre principaux: sa délicatesse, son abandon, la terre mal appropriée, la propagation du Fantaisie.

Et d'abord, les fibres du Flamand étant extrêmement délicates, il est plus impressionnable; il perd ses couleurs, sans perdre la vie; tandis que la mort seule décolore les autres plantes. De plus le suc de

la tige fournit aux corolles les nuances, l'odeur,
qui leur sont analogues. La terre, l'air, la lumière,
achèvent de les perfectionner. Or, quand ces parti-
cules colorantes sont portées par excès et avec trop
de vivacité dans les vaisseaux susceptibles d'admet-
tre, de maintenir ces couleurs, les vaisseaux, trop
faibles pour les contenir, se dilatent, causent, sans
contredit, l'extravasion des teintes. Le rouge, couleur dominante, s'imbibe alors dans le blanc. Ce qui
explique pourquoi de deux marcottes identiques l'une
conserve ses tons merveilleux, l'autre se couvre de
fleurs dégénérées, de rebut.

En général, on cultive l'Œillet trop en grand,
lorsqu'on le cultive; on ne peut lui donner soi-même
les soins nécessaires; on le confie à des manœuvres,
qui le négligent, qui le soignent, du moins, sans discernement. Cette seconde raison est, pour nous, la
cause principale de sa dégénérescence rapide.

La terre, nous l'avons démontré, influe beaucoup sur le développement de la fleur : trop grasse,
l'Œillet dégénère; trop maigre, il dégénère encore. Cette question a été de notre part l'objet
de longues, de pénibles recherches; nous avons
expérimenté sur plusieurs individus de la même
espèce, soumis à des nourritures, à des exposi-

tions, à des arrosements différents. Plus le but s'é-
loignait, plus nous mettions d'opiniâtreté à l'atteindre.
Enfin, modifiant un peu, cherchant toujours, nous
sommes parvenu, après treize ans de pratique, à des
résultats qui paralysent l'inconstance de l'OEillet, qui
ont servi de base à cet ouvrage.

Si le phénomène de la dégénération des Marcottes
laisse certains doutes, il n'en est pas de même des
semis viciés dans leur source la plus pure par la
grande propagation des Fantaisies. En effet, culti-
vant les uns et les autres, la transmission du pollen
par le vent, par les insectes, opère des métamor-
phorses dont le Flamand n'a pas à se louer, qui surviennent en dépit de tout : loin ou près, il existe
certainement des Fantaisies dans un certain rayon;
or, un peu plus tôt, un peu plus tard, en grand ou
en petit, le contact s'effectue sans retour.

A ces quatre causes de dégénérescence nous oppo-
serons quatre conseils :

1° Suivre à la lettre les prescriptions scrupuleuses
de cette monographie.

2° Des deux excès de la terre préférer encore le
dernier, car l'abondance des sels nutritifs nuit plus à
la plante qu'une nourriture maigre.

3° Éloigner son parc des OEillets de Fantaisie, semer beaucoup, afin d'obtenir dans le nombre quelques Flamands pur sang; conserver la mère-plante ou des sujets d'elle, jusqu'à ce qu'on possède sa ressemblance exacte.

4° Exclure de la collection la tige dégénérée, que l'extravasion soit générale ou partielle : générale, rien ne rappelle la fleur à son état primitif; partielle, il faudrait marcotter le pied; soigner particulièrement les jeunes pousses, et, après tant de peines, pas une peut-être n'aurait lavé la tache de son origine.

Le Fantaisie s'accommode de toutes les terres, de toutes les expositions. Il fleurit à l'air vivifiant de nos campagnes, à l'atmosphère fétide du boutiquier; il n'offre pas de caractère distinctif, il ne dégénère jamais; perdu sous une forme, il reparaît sous une autre; il va, il vient.... C'est une fantaisie !....

CHAPITRE XXII.

Des maladies de l'Œillet.

Tout ce qui existe sur la terre, s'il n'est à l'état de nature morte, croît et languit; tout concourt aux mystérieux desseins du Créateur. La jeune fille comme la jeune plante, l'homme mûr comme le chêne antique, tout souffre, tout se mine, tout doit périr un jour. L'Œillet a donc ses maladies, maladies terribles, car sa constitution est plus délicate : c'est la gale, la jaunisse, le feu, la pourriture, le blanc, le chancre, ces pronostics d'une mort certaine auxquels nous opposons surtout des préservatifs. Les moyens de guérison réussissent rarement; et, quand parfois ils réussissent, la plante est si chétive, qu'il vaut mieux pleurer sa mort que déplorer sa vie.

§ 1. — De la gale.

Les fanes de l'Œillet, lorsqu'on les humecte d'eau croupie ou mélangée, se couvrent de petites taches virulentes qui gagnent rapidement le cœur...., de gale. Soit qu'il s'abatte sur l'homme, soit qu'il s'abatte sur la fleur, ce vice ne corrompt pas les principes de son existence, il les déshonore. Le déshonneur est une lente et cruelle agonie; on cherche à l'éviter, on y parvient sans peine. Le fluide toujours pur prévient la gale, la suppression des feuilles gangrenées l'arrête aussitôt.

§ 2. — De la jaunisse.

Battu par de fortes pluies, affaissé par des arrosements inopportuns, le terreau se durcit, ses molécules se rapprochent, forment à la surface une masse compacte qui empêche l'air de circuler. L'intérieur du pot devient alors un centre d'humidité dans lequel les racines languissent, et, par une conséquence nécessaire, la tige elle-même prend une teinte livide, jaunâtre; elle ne transpire plus.

Cette maladie a pris de la décomposition de la fleur le nom de jaunisse, elle n'est pas dangereuse; il suffit d'exposer la plante au soleil pendant huit jours, de la biner, de la rafraîchir jusqu'à la floraison avec discernement. Née de la négligence du jardinier, elle disparaît bientôt sous ses efforts intelligents.

§ 3. — Du feu.

Semblable au pilote qui redoute Scylla en doublant Carybde, l'horticulteur, sorti d'un excès, doit craindre l'excès contraire : si l'humidité jaunit, trop de chaleur brûle.

Le soleil dardant sur le pot les mille rayons de son disque enflammé, le vase lui-même, recélant dans ses flancs les ardeurs du four, échauffent le chevelu, dessèchent l'extrémité des feuilles, qui se contractent, qui se marient, qui, profondément calcinées, tombent en poussière au moindre contact.

A la première apparence du mal, et les fanes nuancées de rouille le trahissent assez, on déplante la fleur. Le feu est-il au pied, on retranche les racines attaquées, on la met en parc. Le corps est-il atteint, on cicatrise la plaie en coupant au vif la partie malade, on la place à l'ombre deux semaines entières, on l'arrose deux ou trois fois par jour avec une seringue à Camellia remplie d'eau fraîche, c'est-à-dire sortant du puits.

Ce mal produit sur l'OEillet tous les effets physiques du feu, qui lui a donné son nom ; il est plus difficile à pallier que le précédent, mais on en vient à bout.

§ 4. — De la pourriture.

La gravité des affections nous conduit à la pourriture, à cette cause d'irréparables pertes découlant de quatre sources principales :

1° De l'humidité. Entassées dans des lieux humides, les plantes, quand surviennent les grandes pluies, s'imprègnent d'un surcroît de fraîcheur que rien ne leur fait perdre, qui, à la longue, pourrit le chevelu.

Nous arrêtons ce fléau à son principe en garantissant nos sujets les plus rares par des couvercles fendus sur un point jusqu'à leur centre évidé, pour laisser passer, pour recevoir la tige. Ces couvercles, d'une circonférence de quelques millimètres supérieure à celle des vases, sont en bois aminci sur ses bords en pente insensible, où l'eau glisse et se perd ; deux barres transversales les soutiennent à dix millimètres de hauteur, laissent à l'atmosphère sa libre action.

2° Du pot. L'air ne pénétre pas la surface d'un pot plombé ou trop cuit : l'eau ne filtre plus à travers ses ouvertures obstruées ; la pourriture se déclare bientôt.

3° De l'arrosement. Un liquide croupi donne la gale aux fanes, il les corrompt même.

4° De la concentration. Lorsque la fleur reste long-temps au théâtre, dans un appartement, sa sève se décompose, la marcotte languit.

Si la plante glacée se meurt des atteintes de l'humidité, du défaut d'air, on la dépote, on supprime les racines douteuses, on la confie à une terre bien exposée, où elle se ranime peu à peu.

Si la pourriture vient de l'eau, on se hâte de bouturer les extrémités du malade dont la sève est encore blanche; nul secours ne ravive le pied.

Si la fleur, enfin, ayant absorbé l'air propre à son organisation, se trouve viciée dans son économie la plus intime, le mal est sans remède lorsqu'on s'en aperçoit la tige tombe flétrie sous une nouvelle température.

Un ancien auteur s'exprime ainsi :

« La pourriture est une espèce de gangrène qui » ronge l'OEillet petit à petit; elle vient ordinaire-» ment de la trop grande humidité de la terre, du » trop d'ombre, des mauvaises eaux, des lieux hu-» mides.

» Quand elle n'a pas atteint le cœur, mais qu'elle » demeure au pied, on sauve l'OEillet en tranchant » avec le bout d'un canif tout le pourri jusqu'au vif, on » bouche la plaie de cire molle pour empêcher l'eau

» ou l'humidité d'y entrer ; par ce moyen on sauve
» parfois les marcottes en les marcottant de bonne
» heure. Si quelques unes ont la pourriture, on les
» retranche, afin qu'elles ne souillent pas les autres
» ni le pied. »

En un mot, la pourriture est le fleuve impétueux
qui se plie et se replie à sa source au caprice de l'enfant,
qui renverse tous les obstacles, sous ses eaux amon-
celées.

§ 5. — Du blanc.

Le blanc macule encore les fanes de petites taches,
mais de petites taches blanchâtres ; de là son nom gé-
nérique. Cette peste gagne promptement les fibres,
les dissout, car rien n'arrête l'effet de son venin sub-
til : lors même qu'elle se développe à l'extrémité des
feuilles, lors même qu'on cicatrise de suite la partie
gangrenée, elle détruit promptement la plante, comme
si depuis long-temps déjà elle lui rongeait le cœur.
D'où l'on a conclu que cette maladie est interne,
qu'elle vient des racines, qu'elle se propage avec la
rapidité du fluide électrique.

Remontant son cours, nous la voyons sortir d'une
sécheresse excessive, d'une mauvaise exposition,
d'un arrosement vicié, des brouillards.

Antrefois on cherchait un remède dans l'eau, soit mélangée de fiente de pigeon si le mal provenait du froid, soit mêlée de bouse de vache s'il était causé par un excès de chaleur. On n'essaie plus aujourd'hui une guérison impossible; vouloir remédier au blanc, dit un écrivain du 16e siècle, c'est prétendre opérer un miracle. Cependant il ne faut pas désespérer trop tôt. Souvent, en effet, la tache blanchâtre se teinte légèrement en rouge ou en jaune, et l'OEillet se ranime parfois. Dans ce cas, sans employer les moyens absurdes du temps passé, on l'expose au grand air, on l'arrose beaucoup; il reprend insensiblement sa santé première, grâce à l'eau, ou mieux, à sa bonne constitution.

Cette maladie terrible, ce charbon de l'OEillet, se prévient du reste par des soins entendus. Nous préservons nos pots des nuits froides, des brouillards du printemps, de l'automne; nous les soumettons à l'action bienfaisante de l'atmosphère, et jamais, ou presque jamais, se fléau n'attaque notre collection.

§ 6. — Du chancre.

Le fil ou la soie déchiraient la tige, l'écorchure dégénérait en ulcère, l'ulcère corrompait la sève, la

minait en quelques jours ; avant notre attache par
conséquent le chancre était commun ; il résulte aujourd'bui d'une lésion suite d'un accident imprévu,
d'un coup d'ongle, d'une piqûre d'insecte, enve-
nimés par le vase ; circonstance, généralement inconnue, que nous n'hésitons pas à sanctionner.

Le chancre, en effet, n'affecte jamais l'OEillet de
pleine terre, exposé aux mêmes accidents, mais
puisant avec abondance les sucs nécessaires à sa vie,
les palliatifs les plus énergiques. En pot, au contraire,
le pied rampe dans une alternative continuelle de
chaleur étouffante, d'humidité glaciale ; il ne trouve
rien pour réparer la plaie de ses branches, il se consume sous la marche rapide de la maladie. Or, de
deux individus identiques, soumis à un régime
différent, si l'un résiste, quand l'autre succombe, ce
régime en est l'unique cause. Cette cause, c'est le
pot ; donc le pot engendre le chancre.

Le remède employé par la Flandre donne une
nouvelle force à notre opinion.

Le chancre se montre-t-il sur un individu, on s'em-
presse de le confier au sol, à un vase de forte dimension. Pourquoi cet espace, s'il est impuissant sur
le venin ? Pourquoi chercher à prolonger, au moyen
du parc, l'existence du moribond, si le parc, si le

pot, prêtent également au principe impur? Nous le répétons, le vase enfante le mal, et cela se conçoit : l'air, torréfiant ses parois, dessèche le terreau, contracte le chevelu, que l'arrosement noie tout à coup dans une humidité passagère ; la plante, épuisée par ces brusques commotions, n'oppose rien au développement du germe.

Cette plaie, quoi qu'il en soit, ne se guérit jamais. On l'évite en plaçant les OEillets dans des pots d'une dimension convenable, enfoncés en terre ; on suspend ses progrès en mettant le malade dans une plate-bande bien exposée, où il émet au moins du pied quelques pousses bouturées aussitôt ; bouturées, car la marcotte vit de la vie de sa mère, suce le poison qui la mine lentement.

§ 7. — Observations générales.

Nous avons mentionné ces découvertes d'une longue expérience, nous n'avons pas voulu les appliquer à tous les individus indistinctement, mais aux seuls OEillets dont la perte serait irréparable. En effet, les cures sont rares, et, lors même qu'on les obtient, on a dépensé beaucoup pour obtenir bien peu. On marcotte donc, on bouture donc de préférence ; mieux encore, on prévient la maladie, chose facile à l'horticulteur intelligent. Il sait d'abord combien l'OEillet redoute l'humidité, combien il aime le grand air. La pratique lui a montré la gale attaquant surtout les septième et huitième classes du premier ordre, le blanc les quatrième et neuvième du second ; il dirige ses soins en conséquence ; il isole les sujets malades ; il prouve enfin par le résultat de sa culture la puérilité des reproches adressés au Flamand.

CHAPITRE XXIII.

Des ennemis de l'Œillet.

Le monde est un vaste champ de bataille, jonché chaque jour de morts, de mourants; toutes les espèces s'y montrent mutuellement acharnées à leur perte, et l'esprit, indécis dans ce chaos étrange, doute bien souvent de la bonté de Dieu. Peut-il comprendre, s'il n'a étudié au livre de la nature, pourquoi l'hirondelle dans son vol capricieux poursuit l'imperceptible insecte? pourquoi elle tombe elle-même anéantie sous la serre du vautour? Peut-il comprendre la chaîne mystérieuse qui, de mort en mort multipliant ses anneaux, rattache le moucheron à l'homme? Il s'arrête à ce qu'il voit; il n'en cherche pas le sens: il maudit le Créateur.

Pour nous, porté à la méditation par un secret instinct, nous admirons le merveilleux enchaînement qui fait tout concourir à notre félicité: car, si cet enchaînement nous blesse parfois, s'il enferme dans son ensemble et la Rose et l'OEillet, nous pouvons le modifier à notre guise, nous avons des armes à la disposition de l'opprimé. Lorsqu'un ennemi puissant combat la fleur des dieux, embrassez donc sa cause; rassemblez vos forces; prenez pour étendard ces lignes consciencieuses, elles vous conduiront à la victoire.

Sept peuples et une république ont conspiré la perte de l'OEillet : le puceron noir, le pou vert, la petite cigale, la chenille verte, le perce-oreille, le puceron ailé, la souris, la fourmi; nous les combattrons dans l'ordre de leur importance.

§ 1. — Du puceron noir, surnommé le tigre.

Cet adversaire est peu redoutable, quoi qu'en dise son terrible surnom ; il se contente de ronger les pétales des fleurs nouvelles écloses. Vainqueur généreux, on le souffle dehors, sans l'écraser sur le théâtre de son crime, car son sang rejaillirait sur la plante, et de cette tache naîtrait un chancre horrible.

§ 2. — Du pou vert.

Le pou vert traite l'OEillet en pays conquis : il l'occupe l'hiver, il l'occupe l'été; mais son joug est léger, on ne le secoue pas. Cependant, s'il tente de s'introduire dans le calice, il viole le traité ; cette violation crie vengeance ; on le presse dans ses dernières limites ; on l'expulse sous les coups multipliés d'une haleine puissante.

§ 3. — De la fourmi.

La république déploie autour de la citadelle ses innombrables cohortes ; elle veut enlever la position à l'arme blanche. Inondez les murs de la forteresse, en plaçant les pieds du gradin dans des baquets remplis à pleins bords d'eau ordinaire, ou plutôt de savon gras. Devant cet océan immense l'ennemi recule ou paie de sa vie sa téméraire bravoure.

§ 4. — De la petite cigale.

Aux premiers rayons du soleil, la cigale abandonne ses quartiers d'hiver. Elle glisse, elle rampe jusqu'à la tige de l'OEillet, dont elle ronge l'écorce et détourne la sève, cette source limpide qui l'alimente. Ses moyens sont pressants ; elle veut le faire mourir à petit feu. On sort en masse, on la culbutte, on l'écrase sans merci.

Cet insecte, connu des fleuristes sous le nom d'*animal dans sa mousse*, a huit pattes ; il s'allonge, se recourbe dans la moitié de sa longueur.

§ 5. — De la chenille verte.

La force jusqu'ici a été impuissante ; l'ennemi adopte les couleurs de son adversaire. Il se faufile la nuit ; il se confond le jour dans une même nuance ; il le tue rapidement, si l'on n'y prend garde. Multipliez les reconnaissances ; cherchez, recherchez encore. Le traître doit périr ignominieusement, doit être foulé aux pieds d'une vile populace.

§ 6. — Du perce-oreille.

L'opiniâtreté de la défense ébranle la réserve : voici venir le perce-oreille, plus redoutable à lui seul que toutes les légions conjurées. L'espoir d'un riche butin l'anime ; il s'avance brandissant son croissant. On se hâte d'inonder au loin les abords de la place avec les baquets indiqués pour la fourmi. Si l'insecte franchit ce premier obstacle, on pose au sommet du tuteur des cornets de pieds de mouton ou de veau dans lesquels le vainqueur se retire la nuit. On se lève de bon matin ; on surprend le camp ; on le plonge dans un bassin d'eau, où l'invincible se consume en efforts impuissants.

§ 7. — Du puceron ailé.

Que les sentinelles soient doublées , que la consigne s'observe : nous sommes en présence d'armées formidables, d'armées presque imperceptibles. Leur marche au moins nous est connue ; elles assiégent le bouton prêt à fleurir. Courage, braves défenseurs ! une surveillance rigoureuse momentanée exterminera cette poignée d'aventuriers de plus en plus rares.

On les enlève avec précaution ; on les broie entre deux feuilles, et jamais sur la plante ; on se garde surtout d'imiter l'ancienne, la ridicule coutume , d'employer l'eau , d'injecter la poudre de tabac, de fumer dessus, remèdes pires que le mal ; la fleur en effet, par sa propre force , résiste parfois à ses adversaires ; ces perfides secours la compromettent sans cesse.

§ 8. — De la souris.

Tel qu'un vaisseau emporté malgré ses câbles au gré de la tourmente jette, par un dernier effort, son ancre de salut; l'ennemi repoussé saisit son arme la plus puissante, la souris. Il compte, grâce à la sécurité des assiégés, pénétrer, par une mine habilement conduite, jusques au cœur de la place; il travaille, il perce la dernière couche; il se promet d'assouvir le lendemain sa rage par un implacable massacre; mais l'horticulteur, dans sa visite matinale, a reconnu les travaux de la nuit; lorsque l'ennemi s'avance dans la brèche, il tombe dans un piége ou du moins la trouve impraticable.

Et, sauvé, l'OEillet témoigne plus tard sa reconnaissance en se couvrant de corolles diaprées qui se bercent coquettement sur leurs mobiles soutiens.

CHAPITRE XXIV.

Classification de l'Œillet.

Le genre OEillet se divise en deux grandes sections qu'il ne faut pas confondre. L'une renferme l'*OEillet des Fleuristes*, l'autre les OEillets *Mignardise, éclatant, superbe, à feuilles de pâquerette, d'Espagne, de Chine, de poëte, de bois, de mai.* Chaque pays, nous dirions volontiers chaque province, classe différemment la première, la seule digne de fixer l'attention ; la France en fait quatre groupes.

I. Tous les individus dont on tire les parfums se placent en tête sous le nom de *Grenadins;* suivent les sujets aux larges dimensions, les OEillets à carte ou *Crevarts;* puis viennent les *Fantaisies*, et enfin les *Flamands*, ainsi appelés de la Flandre, où on les cultive avec le plus de succès.

L'Angleterre la divise également en quatre séries, d'après d'autres considérations toutefois.

II. Elle donne la priorité aux *Bizarres*, distingués par leurs fleurs irrégulièrement panachées de taches,

de bandes écarlates ou cramoisies ; elle place ensuite les *Flakes*, beaux de leurs trois couleurs, de leurs
larges raies écarlates, pourpres ou roses ; les *Picotés,*
dont le fond parfois blanc, parfois jaune, est poudré
d'autres teintes, prennent le troisième rang ; les *Far-
dés* ferment la marche et sont faciles à reconnaître
par leurs pétales rouges ou pourpres en dessus, blancs
en dessous.

Pour nous, simplifiant cette classification, qui n'offre rien à l'esprit, indigné d'ailleurs de trouver le Flamand à la suite de tant d'autres, nous scindons l'OEillet des fleuristes en trois peuples puissants :

1° Les *Flamands*, 2° les *Fantaisies*, 3° les *Communs*.

Le fond d'un blanc pur, les pétales arrondis, marqués longitudinalement de trois couleurs tranchantes,
constituent les Flamands.

Le caractère des Fantaisies est de n'en avoir aucun.

Nous appelons Communs les pieds abandonnés ou
du moins négligés ; cette catégorie se subdivise en
trois tribus :

Les Bichons ;
Les Crevarts ;

Les Grenadins.

Les *Bichons*, dont les pétales, dentelés d'ordinaire, sont teints au centre ;

Les *Crevarts*, qui portent une large fleur blanche tiquetée de divers tons.

Les *Grenadins*, aux corolles pourpre-marron, projettent au loin un parfum délicieux.

Quatre sous-ordres, embrassant toutes les bigarrures dans leur généralité, distinguent les Fantaisies entre eux.

Les *Bordés*,
Les *Rubanés*,
Les *Dentelés*,
Les *Sablés*.

Les Bordés présentent vers leurs extrémités une couleur tranchante.

Les Rubanés sont marqués de larges bandes longitudinales.

La circonférence découpée spécifie les Dentelés.

Les Sablés sont mouchetés en grand ou en petit de teintes diverses.

Quant aux Flamands, nous tranchons leurs variétés si peu nombreuses en deux ordres principaux sub-

divisés eux-mêmes, suivant leurs coloris, en catégo-
ries distinctes et invariables (1).

Le premier comprend les couleurs primitives, les
OEillets par excellence. Il se partage en huit branches se déroulant ainsi :

Les pourpres,

Les marrons,

Les feux,

Les bizarres feu,

Les cramoisis,

Les violets,

Les roses,

Les bizarres roses,

Le second ordre renferme un plus grand nombre
d'individus, mais leurs nuances dérivées séduisent
moins l'amateur ; quelques unes mêmes sont refusées
au concours ; nous les groupons en treize familles :

---

(1) Sur la demande des sociétés du nord, nous avons modifié
le second ordre dans sa disposition. Nous avions assigné en effet aux OEillets pourprés, giroflés, gris de lin, un rang
secondaire ; or, ces nuances étant presque les seules de la
deuxième section admises sans difficulté au concours, il y avait
une anomalie que nous sommes heureux d'effacer.

Les violets gris de lin,
Les violets pourprés,
Les violets giroflée,
Les bizarres incarnats,
Les bizarres ponceau,
Les bizarres agate,
Les bizarres cerise,
Les amarantes,
Les incarnats,
Les blancs et les jaunes,
Les ponceaux,
Les isabelles,
Les lie-de-vin.

Nous en traçons avec minutie les signes particuliers.

Premier ordre.

§ 1.—Pourpres.

Les pourpres se distinguent par leur coloris violet, nuancé de marron, par leurs fanes d'un vert foncé, par les nœuds rougeâtres de leurs marcottes.

§ 2. — Marrons.

Le ton vigoureux s'approche beaucoup du noir; le feuillage est très vert et parfois moucheté de brun.

§ 3. — Feux.

Les corolles présentent la teinte rouge éclatante du charbon enflammé; les feuilles, courtes, épaisses, sont d'un vert puce.

§ 4. — Bizarres feu.

D'un rouge vif, d'un feuillage court, épais, reflétant la puce, ce groupe se confondrait avec le précédent si ses pétales, striés de marron, si ses fanes larges et raides, ne lui assignaient un rang spécial.

§ 5. — Cramoisis.

Le rouge des cramoisis est fortement nuancé de marron, on les reconnaît facilement à la longueur de leurs feuilles.

§ 6. — Violets.

Dans les violets on rencontre une teinte bleue aux nuances roses, un feuillage étroit d'ordinaire qui se détache vigoureusement sur le pédoncule.

§ 7. — Roses.

Un coloris rose ou rouge tendre, des fanes peu foncées, longues, larges, quelquefois même frisées, renversées, sont les insignes de cette classe.

§ 8. — Bizarres roses.

Dernier échelon d'un double partage, les bizarres roses se scindent encore en deux rameaux qui, partant du même tronc, se développent ensemble; le ton rose est strié de marron dans le premier, de violet dans le second; dans l'un et l'autre, les feuilles sont plus courtes, plus épaisses, plus vives surtout que celles des roses.

Il existe dans ce groupe un sujet bizarre parmi les plus bizarres...., Vilna, dont la corolle joue la limace au point de tromper l'horticulteur lui-même.

Deuxième ordre.

§ 1. —Violets gris de lin.

Le ton est bleu pâle, sans nuance rougeâtre ; les janes sont minces et longues.

§ 2. — Violets pourprés.

Dans les violets pourprés, la teinte très vive forme un intermédiaire entre le pourpre et le marron ; le feuillage est très vert, très long.

§ 3. — Violets giroflés.

Ici le rouge, coloris primitif, s'oppose au blanc.

§ 4. — Incarnats.

Ils empruntent au feu et au rose, entre lesquels ils forment un juste milieu, leurs nuances striées de marron ou de violet ; leur tige est d'un vert tendre.

§ 5. — Ponceaux.

D'un rouge composé de teintes étrangères, strié

tantôt de marron, tantôt de violet, les bizarres ponceau s'élèvent sur un pédoncule au ton vigoureux.

§ 6. — Bizarres agate.

Dérivés des bizarres roses, les sujets de cette catégorie ont pourtant des nuances inconnues au coloris maternel ; les fanes, fines, foncées, s'effilent fortement vers leur extrémité.

§ 7. — Bizarres cerise.

Le rouge vif apparaît encore, mais nuancé cette fois d'un bleu léger; les feuilles sont longues, larges, mais d'un vert pâle.

§ 8. — Amarantes.

Les amarantes, composés de diverses nuances, s'étalent d'ordinaire sur une tige décolorée.

§ 9. — Incarnats.

Les incarnats, d'un rouge étranger entre le feu et

le rose, dont ils s'éloignent, dont ils se rapprochent également, ont un feuillage pâle, long et large.

§ 10. — Blancs et jaunes.

Les fanes épaisses, larges, raides ; le blanc vif des corolles, la verdure d'une force insolite, caractérisent le dixième degré.

Quant aux ponceaux, aux isabelles, aux lie-de-vin, ils sont formés de couleurs étrangères ; ils ne peuvent concourir, et, par conséquent, captiver l'attention du véritable amateur.

Nous croyons être agréable à nos lecteurs en mettant en parallèle de cette classification si simple, si précise, le singulier amalgame de l'Allemagne, où l'OEillet des fleuristes admet ces quarante et une séries :

> Fleurs d'une couleur,
> Blancs picotés,
> Jaunes picotés,
> Rouges picotés,
> Blancs picots-picotés,
> Jaunes picots-picotés,

Blancs doubles ,

Jaunes doubles,

Cuivrés rouges doubles,

Rouges foncés bruns doubles ,

Gris cendrés doubles flambards ,

Doubles cendrés blancs et acier ,

Bizarres blancs ,

Les bizarres jaunes ,

Bizarres rouges et bruns ,

Bizarres cuivrés , jaunes cuivrés ,

Bizarres d'un gris cendré ,

Les bizarres d'un blanc cendré ,

Les saxons communs ,

Les communs flambants ,

Les saxons picotés marqués ,

Les saxons picots-picotés ,

Les picots-picotés unicolores ,

Les doubles picotés ,

Les picotés flambants ,

Les picots-picotés flambants ,

Les doubles flambants ,

Les bizarres flambants ,

Les blancs communs fameux ,

Les blancs mats de miroir fameux ,

Les communs rouges et jaunes fameux .

Les jaunes picotés fameux,
Les blancs picots-picotés fameux,
Les jaunes picots-picotés fameux,
Les blancs doubles fameux,
Les jaunes doubles fameux,
Les rouges doubles fameux,
Les blancs cendrés fameux,
Les bizarres fameux,
Les flambants fameux,
Les flambants picots-picotés fameux.

Cette comparaison prouve d'une manière péremptoire les avantages de notre système, qui, partant des unicolores, passe successivement aux sujets de deux, de trois couleurs, énumère les composés et les range en quelques mots par ordre de mérite ; nous ajouterons pourtant un mot, bien cher à notre cœur, un mot, le plus bel éloge de notre classification : *la Flandre l'a exclusivement adoptée.*

On nomme bizarre l'OEillet qui porte trois couleurs bien distinctes, quelles que soient ces couleurs ; pour être d'un grand prix, il doit posséder au moins un ou deux pétales striés et lignés de feu, de blanc, de pourpre, ou bien encore de blanc, de rose, de pourpre.

Tous les OEillets qui figurent au théâtre, qui disputent la palme du concours, sont bicolores, tricolores ou lignés sur un fond blanc. Les unicolores ne peuvent faire partie d'un buffet choisi ; cette règle générale n'a qu'une seule exception pour le beau blanc, de plus en plus précieux vu sa rareté.

CHAPITRE XXV.

Des Œillets connus.

Ouvrez le *Journal d'horticulture pratique*, numéro seize, première année, rendant compte d'une exposition flamande. Il cite deux collections remarquables par le choix, par le nombre, et de ces deux collections l'une comprend cent trente, l'autre cent vingt variétés. Certes, il y a loin de ces chiffres modestes aux pompeuses annonces des marchands qui, chaque année, offrent huit cents espèces, qui, le plus souvent, en possèdent à peine quelques unes. Nous visitions un jour l'établissement d'un de ces spéculateurs éhontés ; nous cherchions l'OEillet, nous ne le trouvions pas. Un jardinier, venu à notre secours, nous mena vers un recoin ignoré, devant une cinquantaine de tiges languissantes et sans grâce. — *C'est probablement l'infirmerie de votre maître ? — C'est sa collection, Monsieur.* Le propriétaire nous rejoignit alors. Vous voyez un dépôt, dit-il ; notre culture est à cinq lieues d'ici.

Ce mode déconsidère la fleur, car l'étranger s'adresse toujours où il croit plus de choix. Pour le servir, le jardinier prend au hasard une misérable plante baptisée d'un nom sonore. S'il reçoit des reproches à la floraison, il s'étonne ; il attribue au climat contraire la dégénérescence rapide, et l'amateur trompé abandonne cette ingrate culture.

Nous essayons de miner dans ses fondements cette vile spéculation en énumérant les richesses de la Flandre, annotées avec soin, en recommandant quelques marchands d'une haute probité. C'est d'abord, parmi les membres de la société de Bailleul, le sieur Bequé (Louis), jeune homme franc, intègre, grand connaisseur, dont la collection passe pour la mieux épurée ; son rival, Lahayne (Louis), puis encore le brave Wayenbourg (Pierre), le loyal Croisier (Jean-Baptiste), malheureusement trop énigmatique dans son catalogue.

Sur le même rang, mais en dehors de la société, vient ensuite le sieur Salomé Wens, qui possède seul, dit-on, des gains étonnants qu'il a obtenus, qu'il ne confie qu'aux localités lointaines.

A Lille, deux horticulteurs jouissent de la confiance générale, MM. Delvoy et Seulin fils.

Pour l'OEillet de fantaisie, un marchand se présente hors ligne, le sieur Sapinart de Marque (de

Laon, Aisne), chez lequel nous avons admiré le roi des Fantaisies, l'OEillet aux pétales parfaitement arrondis, au fond blanc, jaune ou rouge, bordé d'un noir vif et pur.

Suivent de loin, de très loin, une foule d'horticulteurs parmi lesquels nous mentionnons avec plaisir, au moins pour sa délicatesse, Druet aîné (de Châlons-sur-Marne), dont la culture, appliquée à tous les genres, est surtout remarquable par la beauté des Marguerites, des OEillets, par les dimensions extraordinaires des Balsamines.

Dans le but d'offrir un travail complet, nous avons interrogé tous les amateurs; tous nous ont adressé de nombreux matériaux. MM. Ducasse et Loridan, d'Armentières, M. Cortyl, président de la société d'horticulture de Bailleul, ont bien voulu nous aider à les coordonner; qu'il nous soit permis de leur témoigner notre gratitude, de rapporter à leur profond savoir cette réunion merveilleuse des véritables Flamands.

Observations préliminaires.

Un bel OEillet est large, garni de beaucoup de feuilles, rond, bien panaché, sans mouchetures. Il est large, car on dédaigne les petits s'ils ne sont très fins ; garni d'une multitude de feuilles, car la forme bombée contribue puissamment au mérite de la fleur, et cette forme, la quantité des pétales symétriquement disposés l'imprime seule ; bien panaché, car le panache fait sa valeur, lorsqu'il est gros, qu'il s'étend sur les feuilles, de leur base à leur sommet, ce qu'on appelle pièce emportée ; sans mouchetures enfin, car l'OEillet moucheté n'est point détaché ; n'étant pas détaché, il est brouillé, et par conséquent de rebut.

Ces signes constitutifs d'un bel OEillet se rencontrant dans tous les individus nommés, nos observations tendent surtout à spécifier par les nuances leurs qualités particulières.

PREMIER ORDRE.

PREMIÈRE SECTION. — LES POURPRES.

Date du gain.	Noms de la fleur.	Qualités.	Observations.
	Agrippine	Bonne fleur	
1841	Alcinoüs	Bonne fleur	
	Almaviva (le comte)	Bonne fleur	
1839	Archevêque de Paris	Bonne fleur	
	Bellemas (de)		Remarquable pour la graine
1840	Bethsabé		
1842	Caïus	Bonne fleur	
1841	Calchas	Bonne fleur	
1841	Caprice des dames		
1835	Châteaubriand	Fleur extra	
	Coquette (la)	Bonne fleur	
	Couronne (la)		
ancien.	Coussemaker (de)	Bonne fleur	
1842	David	Extra supérieur	A obtenu la médaille au concours de 1843
	Enfant perdu (l')		Pourpre amarante
	Evêque de Cambray		
1841	Fanny	Bonne fleur	
1841	Feciales	Bonne fleur	
	François		
	Galistan	Bonne fleur	Pourpre gris de lin

ate u in.	Noms de la fleur.	Qualités.	Observations.
41	Grand pourpre		
	Grande vestale		
	Grégoire		
	Gustave Wasa	Fleur supérieure	Nuance très foncée
42	Homère	Fleur forte	Coloris parfois très foncé (gain B. qué)
	Imaginaire (l')		Pourpre amarante
42	Iphis		
	Ismenia		
	Jardinier (le)		Pourpre amarante
37	Joconde		
	L'admirable	Bonne fleur	Pourpre amarante
38	Laocoon	Fleur extra	Fort rare par son ton presque noir (gain Cortil)
	Leonidas	Fleur forte	Bon pour la graine
	Loridan	Bonne fleur	Le blanc retient parfois une teinte rougeâtre dérivant du coloris de la fleur
	Manteau d'évêque		
	Mystère (le)		
42	Nestor	Très bonne fleur	peu foncée en couleur (gain Bequé)
41	Norax		
	Nouvelle conquête		
35	Othon		
	Ozire		
	Pascal		
	Père franc (le)		
12	Philippe	Fleur forte	Difficile à cultiver, porte toujours graine.

Date du gain.	Noms de la fleur.	Qualités.	Observations.
1842	Pizarre		Pourpre pâle
	Postillon (le)		
	Président (le)	Bonne fleur	
1839	Roi des pourpres	Fleur extra	
	Romulus		
	Solperwick (le Cte de)		
	Sesostris		
1837	Thémistocle		Pourpre violet clair obtenu M. Cortyi
	Tipo-Zaïb		
	Trocadéro		
1842	Tyrcis	Bonne fleur	Pourpre violet
	Ursel (le duc d')		
ancien.	Van Merris	Très bonne fleur	Un peu usée et difficile à cultiver
	Varrin	Bonne fleur	Pourpre giroflée
1839	Vigot de Raffilan		
1840	Zaïre		Difficile à cultiver

DEUXIÈME SECTION. — LES MARRONS.

Date du gain.	Noms de la fleur.	Qualités.	Observations.
	Aristide	Très bonne fleur	
	Arlequin (l')		
1836	Asson		
	Aulis	Bonne fleur	
1834	Balance de Themis	Bonne fleur	
	Baïlde		Précieux pour la graine

Date du gain.	Noms de la plante.	Qualités.	Observations.
1836	Calvinière (le Vᵗᵉ de la)		
ancien	Cardinal (le)	Bonne fleur	Porte encore le nom de Marron de Coussamaker; donne une graine infaillible
1839	Conquête de Bailleul		
	Icelus	Très bonne fleur	Remarquable pour la graine
1841	Kerwan	Bonne fleur	
	L'Invincible		
1839	Le Majestueux		
1826	Sbrigoni	Bonne fleur	
1831	Socrate		
1836	Tombeau d'un ami	Bonne fleur	Marron cramoisi

TROISIÈME SECTION. — LES FEUX.

Date du gain.	Noms de la plante.	Qualités.	Observations.
	Absalon		
	Amilcar		
1841	Annibal	Bonne fleur	
	Apothéose (l')	Bonne fleur	
	Argenson		
	Argus		
1839	Berrier	Fleur forte	
	Bourdalone		
	Cambronne (le général)		
	Charbon ardent		Feu de grenade
	Charles (le prince)		

Date du gain.	Noms de la fleur.	Qualités.	Observations.
1835	Consul (le)		
	Dauphin (le)		
	Diomène		
	Étincelle (l')		
	Euphrosine		
	Feu nouveau (le)		
	Fleury (duc de)		
1838	Hector		
	Isabelle		
	Jean-Bart		
	Jupiter		Feu éclatant
	Le Débonnaire		
	Le Foudroyant		
	Le Frappant		
	Le Gentil		
	Le Joyeux		
	L'Incomparable		
	Lindor		
	Loridan	Très bonne fleur	Souvent n'est pas assez garnie; sa graine, peu abondante, enfante parfois d'admirables teintes.
	Marengo		
	Martin	Feu hardi	Est surtout cultivé pour semence
	Martin second	Bonne fleur	
	Mausolée (le)		
	Moïse		

te u in.	Noms de la fleur.	Qualités.	Observations.
57	Mont Vésuve (le)		
	Moskowa (la)	Feu hardi	
58	Mutten	Supérieur	D'une conformation parfaite, mais maculé dans son blanc ; il porte graine
	Phare (le)		
ien	Roi des Feux (le)	Feu hardi	
	Salomon		
	Schiller	Fleur vive	Peu corsée et froide, ses semis sont irréprochables
42	Vésuve (le)	Bonne fleur	
	Willanson		
	Xénophon	Extra supérieur	Le plus beau du genre
41	Zulmis	Bonne fleur	

QUATRIÈME SECTION. — LES BIZARRES-FEU.

	Noms de la fleur.	Qualités.	Observations.
	Abeilard		
	Achille		
40	Alibek	Bonne fleur	
54	Bajazet		
	Calypso	Feu hardi	
57	Chrysippus		
	Cicéron	Feu hardi	
	Cinna		
	Clovis		
54	Codrus	Fleur extra	Coloris splendide, forme parfaite

Date du gain.	Noms de la fleur.	Qualités.	Observations.
1840	Corbulan	Fleur supérieure	Plante très froide, mais au[ssi] très vive
	Corsaire (le)		
ancien.	Couronnée (la)	Bonne fleur	
	David		
	Diamant (le)		
	Elias	Forte fleur	Pâle en couleur
	Empereur romain (l')		
	Enghien (duc d')		
1842	Figyhare	Bonne fleur	
	Flambeau d'amour		
	Foy (le général)		
	Goëthe		Remarquable pour sa grain[e]
	Grand-Mogol (le)	Bonne fleur	Eclatant
	Grand-Sultan (le)		
	Grand-Turc (le)		
	Grantancer	Bonne fleur	Carmin
	Hercule		
	Iphigénie		
	L'Agréable		
1840	Léonidas	Bonne fleur	Ton clair et très vif
	Le Glorieux		
	L'Incomparable		
	Lucullus		
	Manlius		

Date du gain.	Noms de la fleur.	Qualités.	Observations.
39	Manteau royal		
	Martin	Feu hardi	Fleur froide
	Moreau		
	Nestor		
	Oriflamme (l')		
	Orphée		
	Palmer		
	Philippe-Auguste		
38	Phœbus		
39	Poniatowsky		
40	Régulus	Extra supérieur	Le plus beau de l'époque ; couronné en 1840 (gain Bequé)
23	Roi des Capucins.		
	Roi des Œillets		
	Roi de Perse		
	Romulus		
38	Rutly	Bonne fleur	
	Samson		
	Saxe (le duc de)		
	Schiller		
	Talma	Fleur supérieure	
34	Tamerlan		
34	Titus		
	Vibert		
	Victoire (la)		

CINQUIÈME SECTION. — LES CRAMOISIS.

Date du gain.	Noms de la plante.	Qualités.	Observations.
	Archiduc palatin	Fleur extra	Teinte foncée, et de loin sembla[...] noir
	Aristide	Bonne fleur	
	Arius	Bonne fleur	Serait parfaite si son cœur éta[...] garni; difficile de culture, bo[...] ne pour graine
	Bael de Dype		
1841	Chef des Bois (le)	Bonne fleur	Cramoisi marron
	Coriolan		
	Coussemaker (de)	Bonne fleur	
	Cramoisi de Bailleul		
1841	Crésus	Bonne fleur	
	Deronel (de)		Cramoisi marron
1839	Galathée	Bonne fleur	Cramoisi marron
	Hector		
	Hérodote		
	Jeunesse (la)		
	Hou-tai-Kof	Très bonne fleur	
	Lannes (le maréchal)		
	Le Beau		
	Léonidas		
	Le Parisien		
	Le Triomphant		
1838	Marie-Elisabeth	Extra supérieur	A obtenu le premier prix [...] 1839 (gain Cortyl)

	Noms de la fleur.	Qualités.	Observations.
	Orfila		
	Raphaël		
30	Rhône (le baron du)	Bonne fleur	
	Sésostris	Bonne fleur	
	Sully	Bonne fleur	Cramoisi marron
39	Triomphe des cramoisis	Extra	Cramoisi cerise
	Triomphe du Navarin		
	Ulysse		
	Ussel (le duc d')	Bonne fleur	
	Valory (de)		

SIXIÈME SECTION. — LES VIOLETS.

	Noms de la fleur.	Qualités.	Observations.
	Amiral (l')		
	Ascoli		
	Archevêque de Paris (l')		
341	Bernadé (madame)	Fleur extra	
341	Berthe (la reine)	Bonne fleur	
335	Bienvenu (le)		
	Boufflers (le marq[is] de)	Très bonne fleur	
	Bristol (le comte de)		
	Brutus		
	Cardinal d'Yorck		
	Cardinal de Soubise		

Date du gain.	Noms de la fleur.	Qualités.	Observations.
1839	Caroline	Fleur extra	
1842	Célina	Supérieur	Nuance pâle (**gain Cortyl**)
	Cordon royal (le)		
	Déserteur (le)		
	Electra	Fleur supérieure	S'épanouit l'une des premières
	Elisa		
1842	Elisendre	Bonne fleur	
	Evêque d'Angers		
	Evêque de Cambrai		
	Evêque de Gand		
	Evêque de Noyon		
	Fénélon	Forte fleur	
	Gaveston		
	Grégoire	Bonne fleur	
	Harlay	Extra	
1823	Herminie		Commence à s'user; ses pétal[es] se crispent parfois; devie[nt] difficile à cultiver
	Hernestine		
	Lévis		
	Le Provincial		
1839	Marianne (princesse)	Extra	
	Mars (mademoiselle)	Fleur supérieure	
1842	Minerve	Extra supérieur	Nulle ne peut lui être compar[ée] (gain Bequé)
	Mirza	Fleur supérieure	Moribonde; un seul la poss[ède] encore
	Molière	Bonne fleur	

Date du ain.	Noms de la fleur.	Qualités.	Observations.
	Montesquieu	Bonne fleur	
719	Nassau (le prince de)	Supérieur	Plus ancien de tous
cien.	Olinde	Bonne fleur	Violet clair, donne toujours et beaucoup de graine
	Pizarre second	Fleur supérieure	Très recherchée
	Platol (le comte de)		
	Rediens	Bonne fleur	
827	Souvenir d'un ami	Extra	
842	Thalpius	Bonne fleur	Violet pourpre
837	Thémistocle	Bonne fleur	Gain Cortyl
841	Thisbé		
	Turenne		Violet amarante
	Van Merris	Supérieur	Violet très vif
	Vermillon (le)		
	Violet de Lille (le)	Bonne fleur	
	Waast (l'abbé de S.-)		

SEPTIÈME SECTION. — LES ROSES.

Date	Noms de la fleur	Qualités	Observations
837	Abaretias		
838	Abdera	Bonne fleur	
	Adélaïde		
	Amélie	Bonne fleur	Mais froide
	Appolline		
	Babette	Fleur forte	

Date du gain.	Noms de la fleur.	Qualités.	Observations.
	Bergère des Alpes		
	Camille		
	Candeur (la)	Fleur forte	
	Clotilde		
	Constance (la)		
	Cybèle		
	Debora		
	Diane	Bonne fleur	Rose des dames
1841	Enchanteresse (l')	Fleur supérieure	Rose pâle (gain Cortyl)
1842	Eucharis	Fleur extra	D'un coloris élégant (gain Cort
	Euphrasie		Rose tendre
	Gailliez		
	Georgette		
	Gloire des Dames	Bonne fleur	
	Hélène		
	Hermione	Fleur forte	
	Illusion (l')	Très bonne fleur	
1841	Iphigénie	Très bonne fleur	
	Isis (la déesse)		Rose hortensia
	Joséphine		
	Jules César		
	Julia	Fleur supérieure	
	Juliette		
	Aimable (l')		Très bonne fleur

Date du gain.	Noms de la fleur.	Qualités.	Observations.
	La Brillante		
	La Gracieuse		
	Léonie		
	Lucésina		
	Lully (la duchesse de)		
842	Ma Bonne Amie	Fleur supérieure	
	Martin		
	Merveille (la)		
839	Nitida		
	Oley	Fleur extra	Gain Bequé
840	Orphée	Fleurons froissés	Fort belle quand elle s'épanouit bien ; la seule du groupe qui porte presque toujours graine
841	Orpheline (l')	Extra supérieur	Gain Bequé
	Phœnicis	Bonne fleur	
	Polina		
	Pucelle de Gand		
837	Rachel		
	Reine de France (la)		
859	Reine des Roses	Extra	
	Salm (princesse de)		
	Suzanne		
	Suzette		
841	Syrène	Extra	Coloris tranché; nuance de cramoisi
	Thélamis		
841	Valdemia	Fleur vive	

14

Date du gain.	Noms de la fleur.	Qualités.	Observations.
1843	Vanler-Berghe Werner (madame)	Bonne fleur	
1837	Zenaïre		

HUITIÈME SECTION. — LES BIZARRES ROSES.

Date du gain.	Noms de la fleur.	Qualités.	Observations.
ancien.	Albani (l')	Bonne fleur	
	Alcibiade		
	Aldegonde (la pr···)		Bonne fleur pour semence
	Ali-Pacha		
	Anna-Boléna		
	Antidote		
	Archimède		
	Avenir (l')	Fleur extra	Très foncée en couleur
	Beauté virginale (la)		
	Belle Julie (la)		
	Bugeaud (le maréchal)	Bonne fleur	Teinte très pâle
1841	Caliste		
	Christine	Bonne fleur	
1842	Chypre (reine de)	Extra	Blanc superbe, teinte parfait très séminifère
1837	Cléonis	Bonne fleur	
	Cornélie Falcon		
	Crébillon	Bonne fleur	
1841	Dalila		
	Debora	Bonne fleur	A beaucoup de ressemblance avec l'Avenir

Date du gain.	Noms de la fleur.	Qualités.	Observations.
	Elauta		
1842	Eléonore	Bonne fleur	
	Epernon (duchesse d')		
1841	Eryphile	Bonne fleur	Rose tendre
1841	Fama	Bonne fleur	
	Florestant		
	Grec (le prince)		
1839	Halésus		
1839	Harpalyre		
1841	Hébée	Bonne fleur	
	Idoménée		
	Impératrice (l')		
1842	Jeanne-d'Arc	Bonne fleur	Gain Cortyl
	La Hayne	Bonne fleur	
	La Joyeuse		
1841	Laodicée	Extra	
	La Riante		
1837	Laverna		
	Léonie	Bonne fleur	
	L'Invincible		
	Louis XIV		
	Manie (la)	Extra	
1836	Marie Tudor	Supérieur	De fortes dimensions; elle a un cœur très garni.
	Milac		

Date du gain.	Noms de la fleur.	Qualités.	Observations.
	Mon Bijou		
	Montezuma	Bonne fleur	
1835	Ochna	Bonne fleur	Mais peu connue.
	Pologne (princesse de)		
1839	Polysco		
	Pujard		
	Renommée (la)		
1838	Roi (le)	Bonne fleur	
	Sœur Isabelle	Bonne fleur	Rose très vif, mais froide; la meilleur de toutes pour semence
	Solon	Extra supérieur	A remporté la médaille (gain Bequé)
1842	Thébaïde	Très bonne fleur	
1841	Thélégone	Bonne fleur	Ou désirerait le rose moins vif.
	Théophane	Extra	Gain Cortyl
1841	Théophile		
	Turenne		
1840	Utérine		
	Van Olleris	Belle fleur	
	Wilna	Belle fleur	Difficile à cultiver. Lorsqu'elle s'épanouit bien, sa corolle semble chargée d'une limace
1841	Zebrine		
	Zélina		
	Zoraïde		

DEUXIÈME ORDRE.

PREMIÈRE SECTION. — LES VIOLETS GRIS DE LIN.

	Noms de la fleur.	Qualités.	Observations.
	Archevêque de Cologne		
	Evêque de Grenoble		
	Evêque de Senlis		
	Evêque de Tournay		
59	Fénélon	Supérieur	
	Grand gris de lin (le)	Extra	Connu encore sous le nom de Tourcoing
	Idolâtre (l')		
59	Ménélas		
	Molière		
	Nouveau (le)		
	Oracle (l')		
	Pensée Romaine (la)		
59	Philiate		
	Rebelle (la)		
	Rigobert		
	Roi de Maroc		
58	Thémistocle	Bonne fleur	Violet pâle
23	Violet (le)		

DEUXIÈME SECTION. — LES VIOLETS POURPRÉS.

Date du gain.	Noms de la fleur.	Qualités.	Observations.
1842	Vibilias	Bonne fleur	

TROISIÈME SECTION. — LES VIOLETS GIROFLÉES.

Date du gain.	Noms de la fleur.	Qualités.	Observations.
ancien	Brillant (le)	Bonne fleur	
	Creuse		
	Duparc (le prince)		
	Léopold		
	Modène (princesse de)		
	Montesquiou		
1842	Parius	Bonne fleur	

QUATRIÈME SECTION. — LES BIZARRES INCARNATS.

Date du gain.	Noms de la fleur.	Qualités.	Observations.
1842	Anglaise (l')	Extra	Ce groupe est à peine connu ailleurs
	Aristoine		
	Belle Judith (la)		
	Carthaginois (le gén^{al})		
	Golconde		
	Goliath		
	Grand Hercule (le)		
	Josaphat		

Date du gain.	Noms de la fleur.	Qualités.	Observations.
	Lille (prince de)		
	Portugal (le roi de)		
1842	Sarpédon	Bonne fleur	

CINQUIÈME SECTION. — BIZARRES CERISES.

Date du gain.	Noms de la fleur.	Qualités.	Observations.
	Belle Amérique (la)		
	Belle Isabelle (la)		
	Caravane (la)		
1835	Chérie (la)	Bonne fleur	
1842	Critidas	Fleur forte	
	Constance (la)		
	Cupidon		
	Diane		Nuance foncée
	Espagne (la reine d')		
	Fionda		
1842	Haton (comte d')	Bonne fleur	
1841	Hyacinthus		
1829	Mon Anaïs		
	Marmontel		
	Naples (la reine de)		
	Nec plus ultra		Malgré son titre nous lui préférons *Critidas*
	Sophie		
	Thisbé		

Date du gain.	Noms de la fleur.	Qualités.	Observations.
	Vestale (la)		
	Virginie		
1841	Zigia	Bonne fleur	

SIXIÈME SECTION. — LES AMARANTES.

Date du gain.	Noms de la fleur.	Qualités.	Observations.
1837	Boristhène		A partir de cette catégorie les coloris sont tellement composés, qu'ils n'entrent jamais ou presque jamais dans une bonne collection
1839	Gérande (le Père de)		
	Guillaume Tell		
	Hermione	Bonne fleur	
1823	Hernestine		
	Pays (le)		
	Turenne		

SEPTIÈME SECTION. — LES INCARNATS.

Date du gain.	Noms de la fleur.	Qualités.	Observations.
	Aube du jour		
	Belle fleur (la)		
	Grandeur (la)		
	Modène (duc de)		
	Nouvelle Victoire (la)		
	Philippopolis		
	Suzanne		

Date du ...ain.	Noms de la fleur.	Qualités.	Observations.
	Cocarde de Charles X	Bonne fleur	La seule du second ordre admise sans difficulté au concours
	Picoté jaune		
	Picoté lilas		

HUITIÈME SECTION. — LES ISABELLES.

Date du ...ain.	Noms de la fleur.	Qualités.	Observations.
842	Sphinx	Bonne fleur	Non admise au concours

NEUVIÈME SECTION. — LES LIE-DE-VIN.

Date du ...ain.	Noms de la fleur.	Qualités.	Observations.
	Ulpius		Fleur remarquable par son coloris nouveau

CHAPITRE XXVI.

De quelques expressions d'un catalogue.

Deux bonnes, deux belles fleurs, ne sont jamais également bonnes, également belles ; dans une collection choisie, il y a donc encore du choix ; et ce choix, si minutieux à décrire, comporte difficilement le cadre restreint d'un catalogue. Il est néanmoins indispensable d'éclairer le goût de l'amateur, de faciliter le commerce en le plaçant sous l'égide de la bonne foi. La Flandre l'a compris ; elle se fraie, entre les signes trop vagues et les phrases trop longues, une route certaine que nous avons suivie dans notre nomenclature, que nous annotons pour la mieux consacrer.

Douze jalons, scrupuleusement implantés, guident le voyageur indécis, se divisent en six groupes. L'un spécifie la culture, l'autre la taille ; celui-ci les corolles, celui-là les pétales ; un cinquième le coloris, un sixième enfin le nouvel élu.

§ 1. — De la culture.

Fleur difficile à cultiver.

Dans le règne végétal comme dans le règne animal, il se trouve parfois de ces constitutions faibles, délicates, que le moindre accident mine, que la plus légère indisposition tue, si on ne les entoure d'un soin particulier. Ces plantes, sujettes aux chancres, à la pourriture, sont difficiles à cultiver.

Aussitôt qu'elles émettent une jeune pousse, on la marcotte, mieux encore on la bouture, sans attendre la fin d'août, sans même s'occuper de la mère qui fleurit, puis, épuisée par cet effort suprême, se dessèche peu à peu, se meurt. Au commencement d'avril, on place les marcottes sur couche et sous cloche; on les enlève soigneusement lorsqu'elles entrent en végétation; on les confie à des pots placés en terre, arrosés avec modération.

Fleur froide.

Les pétales épais, serrés dans leur enveloppe, constituent la fleur froide. Elle s'épanouit lentement, elle brille, quand ses rivales sont passées, ce qui prive l'amateur de la produire au théâtre, de la présenter au concours, où son coloris riche et pur lui assigne un rang distingué.

On pare à cet inconvénient si grave en soumettant la plante, mais la plante seule, aux ardeurs du soleil, dont la puissance stimule la végétation paresseuse, produit la floraison pour l'époque voulue.

Fleur moribonde.

Telles qu'une fauvette ravie trop tôt à sa mère, certaines espèces s'étiolent entre les mains de l'homme; leurs têtes s'inclinent sur leurs tiges décolorées; elles résistent aux remèdes les plus énergiques; elles périssent insensiblement.

Ce cas est rare. Lorsqu'il se présente, on conserve l'espèce précieuse en marcottant à l'infini, en bouturant si la sève tarie menace de manquer tout à coup.

§ 2. — De la force du sujet.

Fleur forte.

Cette expression indique une corolle large et belle, s'élevant sur un pédoncule proportionné.

§ 3. — Des corolles.

Fleur extra supérieure.

Insignes de la royauté, ces mots réunis ne s'appliquent qu'aux sujets couronnés ; ils désignent les diamants les plus beaux de cet écrin splendide.

Fleur extra.

C'est-à-dire qui réunit toutes les qualités d'un OEillet parfait, dont les formes sont admirables, dont les nuances sont éclatantes.

Fleur supérieure.

Une plante supérieure domine toutes les plantes ordinaires, mais n'atteint jamais la perfection de l'extra.

Très bonne, bonne fleur.

La création, sous quelque point qu'on l'envisage, présente une hiérarchie plus ou moins marquée. La fleur extra supérieure, c'est le roi ; l'extra, le maréchal de France ; la supérieure, le général ; la très bonne, le colonel; la bonne, l'officier; le nom que rien n'accompagne, c'est le simple grenadier. Tous ont du mérite sans doute, mais les premiers seuls ont fait des prodiges.

§ 4. — Des pétales.

Fleurons froissés.

Sous un ciel pluvieux, chargé de brouillards, la sève ne se distribue pas également; les pétales se plissent, se crispent ou se plient en cornet; quelques uns même s'allongent en proportions démesurées et forment pour la fleur un titre de réprobation qu'elle rachète bien rarement.

§ 5. — Du coloris.

Fleur très vive.

Marque énergique d'une teinte prononcée et éclatante.

Feu hardi.

Ce terme ressemble au précédent sans en avoir la généralité. Quelle que soit la fleur, si son ton est tranché, on peut l'appeler vive. Le feu hardi, au contraire, se rapporte exclusivement aux troisième et quatrième classes du premier ordre. Il indique une nuance nette, saillante.

§ 6. — Du nouveau gain.

Fleur à revoir.

On se rappelle sans doute le mode d'admission décrit aux premières pages de ce livre; ce mot en sanctionne la valeur : il s'applique au gain nouveau qui affecte d'abord l'extérieur de la perfection et dont on éprouve la constance; dans l'intervalle, c'est un être sans nom, c'est une *fleur à revoir*.

C HAPITRE XXVII.

De quelques Œillets secondaires.

Nous avons cinglé vers une île lointaine sans nous arrêter aux mille incidents du voyage. Notre mission est terminée; nous pourrions abaisser notre voile, mais la brise nous porte sur deux côtes fertiles qu'il nous faut encore explorer. L'une déroule au loin ses bouquets de feuillage coquettement enlacés; le poëte y puise ses inspirations : c'est sa côte, c'est son OEillet. L'autre renferme dans ses flancs de précieux aromes d'où elle tire son nom.

§ 1. — De l'OEillet de poëte.

L'OEillet de poëte (*barbatus*) est originaire de l'Allemagne; plusieurs contrées se disputent l'honneur de sa naissance, et, dans leur amour-propre, le désignent tour à tour par les expressions de *Bouquet de poëte, Bouquet parfait, Jacinthe de Constantinople,*

Jacinthe des poëtes, Jalousie enfin, mot qui révèle à la pensée tous les combats dont il a été la source.

Cette plante contribue puissamment à l'ornement de nos jardins, soit comme bordure, soit comme garniture de plate-bande ; elle est facile de culture, facile surtout de conservation. On la place dans un terrain potager bien fumé ; on l'arrose souvent et beaucoup. Sa voracité excessive la développe, l'épuise rapidement : buisson admirable la deuxième année ; elle se meurt la troisième ; elle est trisannuelle.

Veut-on réparer les coups de ce destin rigoureux ? trois moyens infaillibles se présentent : les semis, les boutures, les éclats du pied ; nous les commentons séparément.

Des Semis.

Toutes nos prescriptions relatives à la conservation, au choix des graines du Flamand, sont communes à l'OEillet de poëte. Du 15 septembre au 15 octobre, toujours en pleine lune, on le sème dans des baquets remplis de terreau ordinaire, sur couche à leur défaut, mais à leur défaut seulement. Les jeunes pousses, en effet, ne se transplantant qu'au milieu d'avril, on abrite sans peine les baquets dans une serre quelconque ; on a la plus grande difficulté à garantir les couches. Et d'abord, les paillassons, abris ordinaires des plantes inamovibles, sont fort dispendieux, car l'humidité les pourrit promptement ; ils interceptent l'air ; ils se déplacent au gré de la tourmente ; ils cassent parfois les semis, ils les étiolent sans cesse ; nous engageons les amateurs à en restreindre l'usage.

L'OEillet de poëte demande beaucoup d'air : on sort les terrines ; on les expose, si faire se peut, et de préférence aux arrosements, à une pluie douce qui les vivifie ; on les rentre la nuit. Quand vient février, quelle que soit la température, on les laisse dehors, ne les garantissant que des rafales. On les plante du 1er au 15 avril.

Quelques jardiniers, pour éviter l'hivernage, sèment en février ou mars. Ce principe est mauvais ; le plant, mis en place à l'arrière-saison, ne peut braver les premiers frimas : il faut le protéger, l'arroser même à propos, chose pénible, l'OEillet étant disséminé. Cette méthode désavantageuse sera, nous l'espérons, abandonnée sous peu.

Des Boutures.

Le mécanisme de cette reproduction ne varie jamais. On mélange un tiers de bon terreau avec deux tiers d'une terre de jardin ; on remplit des pots de médiocre dimension, au centre desquels la bouture est placée, si elle doit y rester ; si l'on fait une pépinière, on prend des vases à large circonférence, des baquets, par exemple ; on arrache, on ne coupe pas les jeunes pousses ; puis, l'incision pratiquée, on les pique à des distances convenables ; on les consolide en pressant la terre à leur base ; on leur assigne après la fleur une place quelconque du jardin.

Des Éclats.

Parvenue à son troisième printemps, la plante approche de son terme ; on lève le pied à la hâte ; on éclate les rejetons robustes, de belle apparence ; on les réunit par trois ; on les enfonce jusqu'au premier nœud vert, c'est-à-dire qui sortait du sol, dans un lieu nouveau, car l'ancien est usé et demande un engrais puissant, un repos momentané. On affaisse la terre autour des nouvelles tiges, on les humecte avec abondance; l'année suivante, on fortifie leurs racines par un terreau consommé, après quoi on n'y songe plus.

L'Œillet de poëte, cultivé de nos jours en bordure, supporte néanmoins le pot, où il produit un bon effet; il est facile de reproduction; il brave l'hiver le plus rigoureux; une culture incessante, multipliant ses variétés, enchaînerait sans doute à son char dédaigné la vogue capricieuse.

§ 2. — De l'Œillet du parfumeur.

Semblable aux descendants d'une illustre famille que leur mésalliance fait dédaigner, l'Œillet de parfumeur, le plus ancien de tous, occupe aujourd'hui une place fort secondaire, par suite des nœuds qui le lient au commerce. Nous aurions dû peut-être le doubler à pleines voiles; nous ne l'avons pas voulu, car il embaume l'air, car il soutient toute une classe d'individus, titres bien suffisants pour le consigner dans cet ouvrage.

Cette plante, encore connue sous les dénominations d'Œillet de Ratafia, de *Grenadin*, servait autrefois à composer une boisson tonique dite *Ratafia*; l'industrie en tire maintenant de fines, de suaves essences. Dans les plates-bandes elle forme un buisson vert, touffu, qui se couvre en juillet de larges corolles d'un pourpre marron, qui, le matin et le soir, répand au loin d'agréables parfums. Elle émet du pied de nombreuses pousses, marcottées au crochet, mises en pépinières au nord du jardin, au levant de préférence. Dans les grands froids, on les protége entre trois petits bâtons recouverts de grosse paille; on les place, au commencement d'avril, en un lieu définitif, qu'elles couvrent bientôt de leurs rameaux pressés. La marcotte plantée, on l'assujettit par un premier tuteur de 60 à 70 centimètres de hauteur, ceint plus tard de quatre autres semblables, placés en rond, mariés au moyen de fil de fer.

D'une végétation vigoureuse, cet OEillet projette des boutons fort larges, mais qui crèvent souvent. Pour prévenir cette imperfection, on entoure le péricarpe incisé d'une lanière de vessie de veau préparée.

L'OEillet de parfumeur demande une terre amendée, convenablement rafraîchie. Il résiste sans peine aux intempéries du climat; il est plus beau néanmoins si on l'abrite. Calculée sur des sujets robustes, son existence est de trois à quatre ans; malgré cette longévité on le remplace d'ordinaire par ses rejetons, toujours plus gracieux.

Nous cultivons ce genre pour embaumer notre théâtre, qui le récèle entre ses montants, pour offrir quelques fleurs à nos nobles visiteuses. N'étant pas marchand, en effet, nous aimons à donner, et il nous répugnerait de porter une main sacrilége sur nos sujets d'élite.

CHAPITRE XXVIII.

De l'Œillet de Bois.

A quelques milles du port où nous étions impatient d'arriver, la vigie du grand mât signala à l'horizon un signe de détresse. Nous délibérions sur notre conduite, lorsqu'une embarcation, rasant notre bord , nous donna des détails précis ; l'OEillet de Bois, le compagnon du solitaire, se mourait sur un banc de sable..... L'OEillet de Bois ! était-ce la peine de voler à son secours ?..... Nos marins ne le pensaient pas ; nous savions, nous, la douleur qu'éprouveraient de sa mort tant de pauvres familles ; nous mîmes en panne, la chaloupe partit : cinq heures après, un matelot demi-nu montait à notre bord et nous écrivions sa vie.

L'OEillet de Bois (*Dianthus lignosus*) n'a de mérite que pour l'artisan dont les yeux se reposent sans cesse sur les feuilles languissantes de quelques arbres étiolés. Il n'exige aucun soin ; il se développe sous toutes les atmosphères ; il fleurit à toutes les saisons. Le pauvre, la vieille fille, l'ouvrier, chacun lui confie ses espérances, ses regrets ; aussi nous reproche-t-on de traiter un sujet vulgaire, d'abaisser notre plume jusqu'aux marchands !... jusqu'aux marchands !... Mais ce sont des hommes pour lesquels le destin s'est montré sévère, mais enfin des hommes comme nous.... Jusqu'aux marchands !.... ah ! nos ancêtres ont conservé à Henri III une ville de Champagne ; notre sang, uni au sang des rois, a coulé à la révolution ; nous sommes fier de notre noblesse, et pourtant, nous n'hésitons pas à l'écrire, avant la noblesse du nom, il y a la noblesse du cœur. Noble de naissance, on doit tout au hasard ; on se pare des plumes du paon ; la noblesse seule de l'âme anoblit vraiment l'homme ; nous lui tendons la main, quelle que soit sa position. Qu'on ne s'étonne plus maintenant si nous avons songé à la jouissance du pauvre, si nous avons poussé à ses dernières limites la vérité de cette expression : *Tous pourront puiser dans ce livre des renseignements utiles.*

L'OEillet de Bois doit être planté dans un pot de forte dimension, rempli d'une bonne terre de jardin. On fixe les tiges robustes sur des tuteurs disposés en éventail, croisés en treillage, fortement unis au moyen de fil de fer ; on les dirige en contours capricieux qui bientôt se couvrent d'innombrables fleurs, renouvelées sans cesse ; on expose fréquemment le pied à la fenêtre, afin qu'il puise dans l'air l'acide carbonique indispensable au règne végétal, acide que sa rusticité lui rend peut-être moins nécessaire, dont, toutefois, elle ne le dispense pas. La ménagère dans ses fonctions l'abrite de la poussière; elle l'arrose souvent ; elle le reproduit comme les autres espèces.

La sève de cette fleur est vraiment surprenante : nous connaissons un disciple du Barbier de Séville qui a le même pot depuis neuf ans. Long-temps, très long-temps, la terre, amendée par l'eau de savon de ses pratiques, fournit aux besoins de la plante ; l'année dernière pourtant le vase languissait, et le pauvre homme de se désoler, car c'était son enfant, son bonheur à lui, sans famille, sans appui. On lui conseilla de le dépoter.... Le dépoter, la chose n'était pas facile ; il manquait de terreau, de vase ; d'ailleurs la tige, haute de 1 mètre 50 mill., large de 1 mètre 15, s'étalait sur des baguettes disposées avec art, nécessitait l'intervention d'une main habile; où trouver cette main?.... Une dame charitable nous dépeignit l'angoisse du barbier ; notre domestique fut le chercher; nous procédâmes ainsi. La nouvelle demeure choisie, le mélange saupoudré de chaux

vive mêlé et remêlé, pour le rendre plus meuble,
les parois du vase furent brisées à petits coups de
marteau, les racines réduites aux deux tiers, puis re-
placées dans le pot convenable. Le malheureux gémis-
sait de cette cruauté inouïe ; il croyait son OEillet
perdu ; jamais son OEillet n'a été si vigoureux.

Mais nous entrons en rade ; la foule compacte témoigne de son impatience ; on nous presse, on nous
hèle, nous nous hâtons d'aborder.

CHAPITRE XXIX.

Signification de l'Œillet dans le langage des fleurs.

Ce dernier chapitre semblera peut-être étranger à la matière que nous nous sommes proposée ; mais le Flamand a été cruellement déchiré par quelques spéculateurs avides, et nous voulons tromper les heures de notre quarantaine, justifier notre prédilection, en développant d'une manière spéciale ce point de son histoire.

Et d'abord, au moyen âge, ses couleurs servent à composer l'habit moral de l'homme, de la femme ; ses nuances délicates, variées, plaisent à tous les yeux, expriment ces doux mots que la bouche n'ose prononcer. Symbole d'un amour vif et pur, son influence redouble à une époque où tout se fait par les femmes ; où la fortune brouille et débrouille les fils d'une intrigue avec les petits doigts de mesdames de Chevreuse et de Longueville. Condé, prisonnier à Vincennes, le cultive lui-même, moins charmé sans doute de la richesse de son coloris, de la suavité de son arome, que ravi de trouver dans cette plante l'expression mystérieuse de ses pensées les plus profondes !

Comment en effet le vainqueur de Rocroy aurait-il peint plus agréablement à ses nobles visiteuses les sentiments qui remplissaient son âme qu'en leur offrant une de ces fleurs, arrosées de ses mains et confidentes secrètes de ses espérances les plus chères ? Dans quel autre langage eût-il pu à la fois parler à leurs sens, à leur cœur ; les intéresser, sous les yeux d'un gardien, à sa fortune chancelante ? Voyez aussi comme toutes rivalisent de zèle pour lui prouver leur reconnaissance. Mademoiselle de Scudéri compose d'abord cet admirable quatrain, égalé à quarante de ses romans :

> En voyant ces Œillets, qu'un illustre guerrier
> Arrose d'une main qui gagna des batailles,
> Souviens-toi qu'Apollon bâtissait des murailles,
> Et ne t'étonne pas si Mars fut jardinier.

Puis elle proteste contre la Fronde, en adressant ces vers à l'évêque de Vence Godeau ; puis, comme les portes de Vincennes ne s'ouvrent pas encore au prisonnier, son indignation éclate dans six lettres consécutives, où elle exprime si fortement ses vœux pour que « *ceux qui ont eu le dessein de faire de la France ce que Cromwell et Fairfax ont fait de l'Angleterre ne puissent jamais avoir de crédit.* »

Plus heureuse, la princesse Palatine laisse, par ses sourdes menées, sortir du Havre-de-Grâce le lion que la duchesse de Chevreuse y avait enfermé; enfin, dans la fameuse journée du 2 juillet 1652, Mademoiselle le sauve d'une mort certaine en lui faisant ouvrir la porte Saint-Antoine, en déterminant le gouverneur de la Bastille à tirer sur les troupes du roi.

Ainsi, ce que n'avaient pu obtenir de la régente les conspirations de tout un parti, quelques OEillets devaient le produire !.... Le vainqueur indompté devait être sauvé par la reconnaissance d'une femme !.... Singuliers événements sous lesquels Dieu brise de temps en temps les efforts présomptueux de la sagesse humaine !....

L'historien, suffisant à peine à enregistrer les faits qui se succédaient rapides, les noms de tous les grands hommes qui s'étaient donné rendez-vous dans ce siècle privilégié, ne pouvait pas sans doute mentionner ce langage mystique ; mais nous en avons puisé la clef à des sources certaines, nous en garantissons l'authenticité.

Les pourpres étaient l'emblème	de la prudence.
Les marrons,	de la magnanimité de courage.
Les feux,	d'un amour vif et pur.
Les bizarres feux,	d'un amour vif.
Les cramoisis,	de la ferveur.
Les violets,	de la modestie.
Les roses,	de la discrétion.
Les bizarres roses,	de la tentation.
Les violets gris de lin de plusieurs nuances.	de la douleur et de la tristesse.
Les violets pourprés,	du trouble de l'âme.
Les incarnats,	de l'espérance en amour.
Les blancs,	de la chasteté.
Les jaunes,	de la libéralité.
L'OEillet de fantaisie.	du dédain.
L'OEillet de poète,	de la finesse.
L'OEillet de parfumeur,	de la richesse.
L'OEillet de bois,	de la résolution.

Prenant pour base ces diverses significations, les anciens avaient composé de cette manière l'habit moral de l'homme, de la femme.

Habit moral de l'homme.

Premièrement, la toque ou bonnet était pourpre , qui signifie prudence; le pourpoint marron foncé, en guise de la magnanimité de courage qui doit enclore le cœur, le corps de l'homme; les gants jaunes, ce qui dénote libéralité et jouissance ; la ceinture violette, qui signifie amour et courtoisie; la saye d'un gris de lin de plusieurs nuances, symbole de la douleur, de la tristesse, ces compagnes inséparables de l'homme pendant son pénible voyage sur cette terre.

Habit moral de la femme.

Ce vêtement était encore plus rigoureux. D'abord ses pantouffles noires lui rappelaient sans cesse qu'elle devait marcher en toute simplicité, non en orgueil; ses jarretières blanches et noires , couleurs qui ne changent jamais d'elles-mêmes, démontraient son ferme propos de persévérer en vertu; sa cotte de damas blanc dénotait la chasteté qui devait être en elle; son corsage de couleur cramoisie rappelait les pensées ardentes qu'elle adressait continuellement au Créateur.

La tenue de l'homme est de nos jours presque conforme à cet habit moral ; celle de la femme a changé avec raison ; elle n'a plus besoin de se rappeler, par un signe extérieur, des devoirs que rien ne lui fait oublier.

Le langage expressif de l'OEillet fut habilement perfectionné dans la suite ; la même plante prit diverses significations, suivant le mode dont elle était présentée. Offerte droite, elle exprimait une pensée, et aussitôt la pensée contraire, si on la renversait ; le pronom *moi* se distinguait en penchant la fleur à droite ; le pronom *toi*, en l'inclinant à gauche. Puis venaient ces mille nuances d'un même sentiment que nous ne décrirons pas, car nous n'avons pas voulu jeter les fondements de la grammaire des fleurs, mais seulement réunir en un glorieux faisceau tous les titres qui ont toujours assuré, qui assureront toujours à l'OEillet une immense suprématie.

Et maintenant, siq uelques voix aveuglées par l'amour du gain protestent encore contre nos paroles, croyez-nous : la plante que ses précieuses vertus, que sa forme, son arome, son poétique langage, avaient fait surnommer la *Fleur des Dieux ;* la plante qui charma la captivité du grand Codé, qui la brisa peut-

être par sa mystérieuse influence, n'a rien à redouter
de leurs coups intéressés ; c'est une épreuve dont elle
sortira plus gracieuse et plus belle, pour remonter sur
le trône que les siècles lui ont élevé !....

FIN DE DA MONOGRAPHIE.

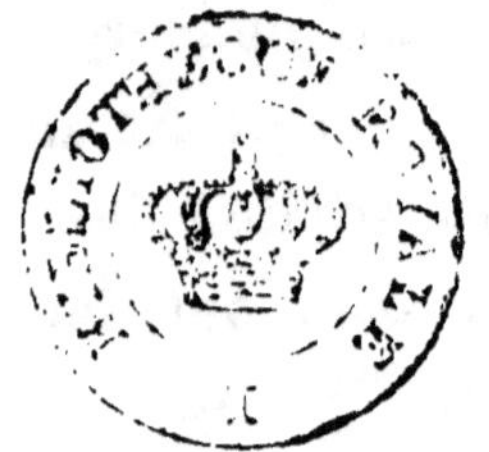

TABLE DES MATIÈRES.

FIN DE LA TABLE DES MATIÈRES

EXPLICATION DE LA PLANCHE

DE LA

MONOGRAPHIE DU GENRE OEILLET.

———

N° 1 Modèle d'une plante fixée au moyen de l'attache Ponsort.

2 Modèle d'un anneau d'attache fermé.

3 Le même anneau ouvert pour être passé à l'endroit même.

4 Modèle de plomb pour les marcottes au cornet.

5 Modèle de la lanière de vessie de veau préparée.

6 Modèle d'un couvercle pour couvrir les pots pendant les fortes pluies (vue prise du dessous).

A et B sont les bandes latérales qui, superposées sur les rebords du vase, permettent à l'air de circuler.

C est le conduit pour introduire le pédoncule en d, petite circonférence pratiquée pour le recevoir.

7 Modèle du même couvercle, où l'on a essayé de faire comprendre la pente insensible du dessus.

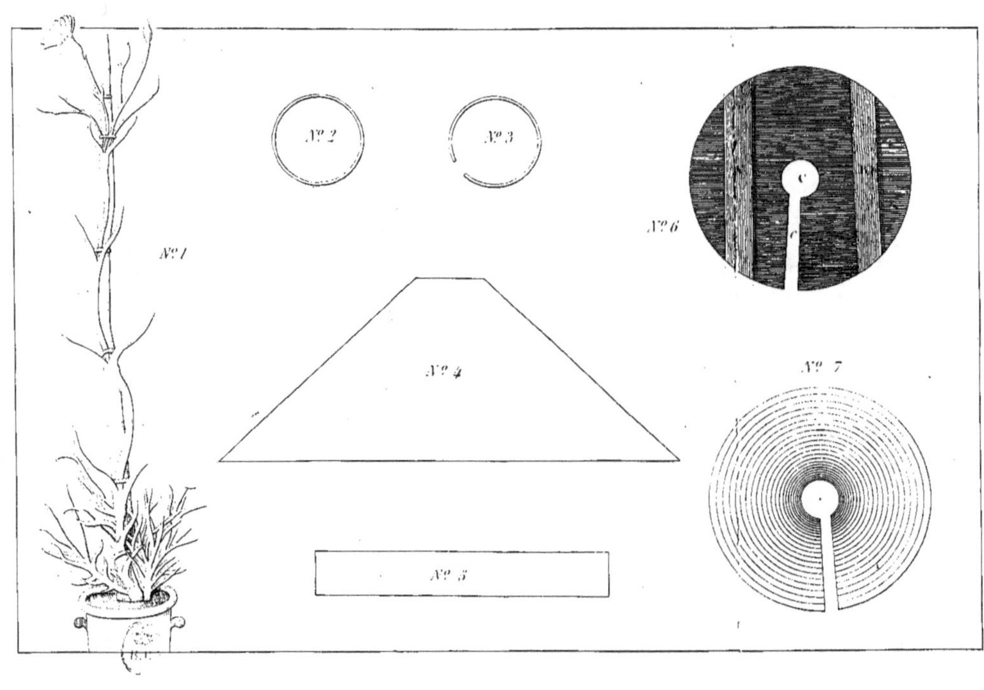

N.º 1
N.º 2
N.º 3
N.º 4
N.º 5
N.º 6
N.º 7